はじめに

　近頃は物価上昇での影響で、いわゆる「100円ショップ」と呼ばれてきたお店でも100円ではない商品が増え、特に「ガジェット」と呼ばれる小型電子機器類は1000円を超えるものも珍しくなくなりました。

　ただ、価格の制約が減ったことにより、これまでは専門店で販売されていたような商品や、あまり見たことがないユニークな商品を見かけることも増えてきました。

　商品の入れ替わりの激しい「100円ショップ」の商品は一期一会です。気になるものを見かけたら迷わず買って、実際に使ってみながら中身の構造や仕組みを確認してみてください。

　格安ガジェットならではのコストダウンの工夫と進化があります。使われている部品の仕様を調べるだけでも新しい発見があります。そしてそれを自分の目で確認することで、信頼できる商品やちょっと危なそうな商品を見極められるようにもなります。
　本書がその一助となれば幸いです。

　最後になりますが、本書を手に取っていただいた読者の皆様に感謝いたします。

ThousanDIY

100均の電化製品をバラしてみた

「USBケーブル」「LEDライト」「無線イヤホン」
…中には意外な工夫と秘密が!?

CONTENTS

はじめに……………………………………………………………………3

第1章　コード・ケーブル

- [1-1] USB Type-C イヤホンジャック変換コード……………8
- [1-2] 人感センサーケーブル………………………………17
- [1-3] USB3.0対応 Type-C ケーブル…………………26
- [1-4] Type-C 3in1 HUB………………………………36

第2章　ライト・電灯

- [2-1] 調光器対応LED電球………………………………48
- [2-2] 充電式COBライト…………………………………56
- [2-3] 人感・明暗センサーLEDライト……………………65

第3章　オーディオ機器

- [3-1] ホームカラオケマイク………………………………76
- [3-2] 有線無線両用ヘッドセット…………………………85
- [3-3] 完全ワイヤレスイヤホン DG036-01………………93
- [3-4] 完全ワイヤレスイヤホン TWS002…………………103

第4章　バッテリーチャージャー・チェッカー

- [4-1] 車載ワイヤレスチャージャー………………………114
- [4-2] バッテリーチェッカー………………………………123
- [4-3] デジタルバッテリーチェッカー……………………132
- [4-4] PD急速充電ACアダプター………………………141
- [4-5] デジタル計量スプーン……………………………151

索引…………………………………………………………………………158

●各製品名は、一般的に各社の登録商標または商標ですが、®およびTMは省略しています。
●本書は月刊I/Oに掲載した記事を加筆・再編集したものです。掲載しているサービスや製品の情報は執筆時点のものです。今後、価格や利用の可否が変更される可能性もあります。

第1章
コード・ケーブル

まずは100円ショップでも定番のコード、ケーブル類を分解してみます。

分解するガジェット

USB Type-C イヤホンジャック変換コード
人感センサーケーブル
USB3.0対応 Type-C ケーブル

1-1 USB Type-C イヤホンジャック変換コード

イヤホンジャックのないノートPC・タブレットに有線イヤホンを接続するためのDACチップを内蔵した「USB Type-C イヤホンジャック変換コード」をダイソーの店頭で見つけました。さっそく分解してみます。

パッケージの表示

「USB Type-C イヤホンジャック変換コード」はスマートフォン用イヤホンコーナーにありました。DAC (Digital to Analog Converter) を内蔵し3.5mm 4極ジャックでマイク入力対応、価格は300円(税別)です。

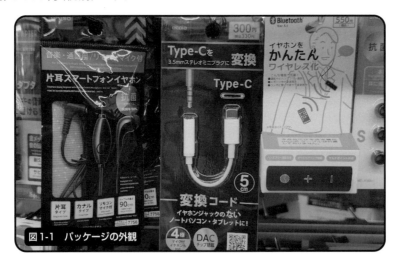

図1-1 パッケージの外観

型番は「JT22-P12」、輸入元はダイソーの製品でよく見かける「(株)ラティーノ エコラ事業部(http://www.eco-la.jp/company/)」です。

図1-2 パッケージ裏面の輸入元表示

パッケージ裏面の記載によると、対応する4極プラグのピンアサインは「CTIA規格」、

マイクなしの3極ステレオミニプラグも利用可能です。

●対応のΦ3.5mm4極ミニプラグ/ミニジャックは1.MIC/2.GND/3.Right/4.Leftのピンアサイン（CTIA規格）です。●上記ピンアサイン（CTIA規格）のマイク付きイヤホン/ヘッドホン及び3.5mm3極ステレオミニプラグのイヤホン/ヘッドホンをご利用頂けます。

図1-3　パッケージ裏面の使用方法（抜粋）

　マイク入力に対応した4極プラグにはCTIA規格とOMTP規格の2種類があります。両規格の違いはグランド（GND）とマイク（MIC）のピンアサインです。

　CTIA規格（Cellular Telephone Industry Association）はiPhone、Nintendo Switchなどで採用されている規格で、ピンアサインは端子の根本から①MIC/②GND/③Right/④Leftの順になっています。

　OMTP規格（Open Mobile Terminal Platform）は欧州を中心に、一部Android系スマートフォンなどが対応する規格で、ピンアサインは端子の根本から①GND/②MIC/③Right/④Leftの順になっています。

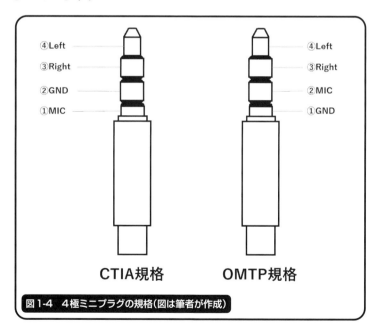

図1-4　4極ミニプラグの規格（図は筆者が作成）

　日本国内で販売されているマイク付きイヤホンはiPhone対応（CTIA）がほとんどなので問題はないと思われますが、このピンアサインを入れ替えるためのアダプタも存在して、Amazonなどで「CTIA-OMTP変換アダプタ」で検索すると見つけることができます。

```
https://amzn.to/3GMnBPG
```

本体の外観

パッケージの内容は「本体」のみです。

本体のケーブル部分の長さは約5cm、Type-Cプラグ及びステレオミニジャックの外装は白のABS樹脂で覆われています。ケーブルが柔らかいために、スマートフォンに接続した際に邪魔になる感じはあまりありません。

図1-5　本体の外観

次の写真はType-Cプラグの内側にある電極を顕微鏡にて確認したものです。

Type-CプラグのUSB3.xの"SuperSpeed（SS）"に対応するための電極がないものを使っているので、DACとの接続はUSB2.0相当の信号（D+/D-）を使用していることがわかります。

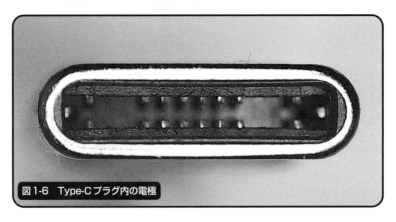

図1-6　Type-Cプラグ内の電極

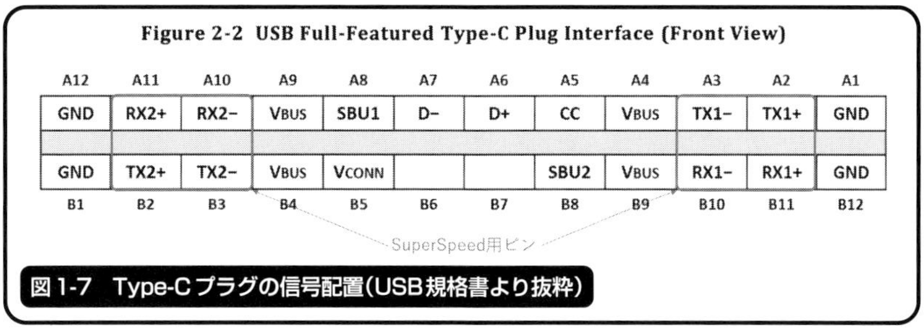

【1-1】USB Type-C イヤホンジャック変換コード

A12	A11	A10	A9	A8	A7	A6	A5	A4	A3	A2	A1
GND	RX2+	RX2−	V_BUS	SBU1	D−	D+	CC	V_BUS	TX1−	TX1+	GND
GND	TX2+	TX2−	V_BUS	V_CONN			SBU2	V_BUS	RX1−	RX1+	GND
B1	B2	B3	B4	B5	B6	B7	B8	B9	B10	B11	B12

Figure 2-2 USB Full-Featured Type-C Plug Interface (Front View)

SuperSpeed用ピン

図1-7　Type-Cプラグの信号配置（USB規格書より抜粋）

・USB規格書の入手先

`https://www.usb.org/documents`

　動作確認のためにスマートフォンに接続して音楽を再生しましたが、ノイズも少なく実使用でも問題はなさそうです。

本体の開封

　Type-Cプラグ及びステレオミニジャックの外装は接着剤で固定されているため、超音波カッターなどでカットして外します。

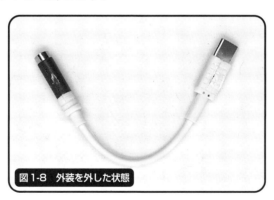

図1-8　外装を外した状態

　ケーブルとの接続部分は柔らかい樹脂で覆われているので、これを取り外すとケーブル接続部が見えてきます。

　ミニステレオジャックは4極タイプ、4色のリード線が直接ハンダ付けされています。

図1-9　ミニステレオジャックの接続部

11

第1章　コード・ケーブル

　Type-Cプラグ自体はプリント基板にハンダ付けされていて、ミニステレオジャックにつながっている4色のリード線はプリント基板にハンダ付けされています。

　CTIA規格での接続なので、ミニステレオジャックのシェルに接続されているリード線（黒）がプリント基板のマイク入力（M）に接続されています。

　Type-Cプラグは顕微鏡で確認した通り、電極USB3.xのSSに対応するための電極がない16ピンのタイプ、プリント基板を挟むように両面にピンが出ています。シェルはGNDに接続されています。

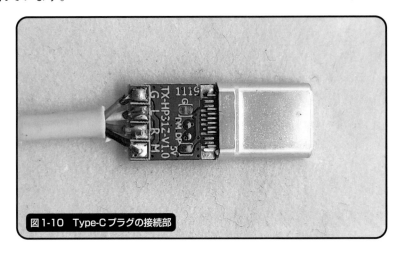

図1-10　Type-Cプラグの接続部

回路構成

　Type-C基板はガラスエポキシ（FR-4）の両面基板、部品は全て面実装部品で片面に実装されています。

　実装されているのはメインプロセッサと抵抗、セラミックコンデンサのみです。USBでの通信に対応したICではよく見かける外付けの基準クロック用水晶振動子（12MHzまたは24MHz）は使用せず、メインプロセッサ内部に基準クロックを持っているタイプです。

　USB3.xフルスペック用のType-Cプラグ（24ピン）が実装できるように、基板上にはSSピン用のランドもあります。

　基板上にはテストランド（USB通信用の信号であるVBUS/DP/DP/GND）があります。基板の型番「TX-HP31Z-V1.0」はシルクで印刷されています。

【1-1】USB Type-C イヤホンジャック変換コード

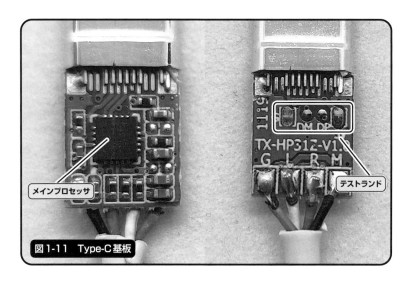

図1-11 Type-C基板

基板パターンからメイン基板の回路図を作成しました。

回路番号は基板上に表示がないので筆者が割り当てています。

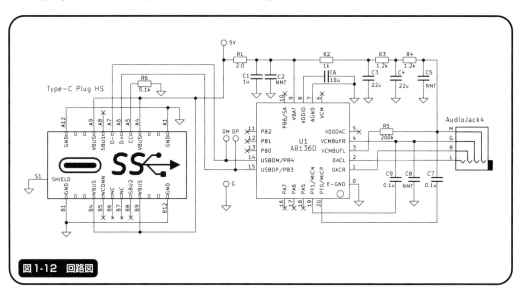

図1-12 回路図

Type-CプラグのCCライン（A5）はUSBデバイスとしての規格通り5.1kΩの抵抗（R6）でプルダウンされています。

メインプロセッサ（U1）はUSBからの電源（VBUS：5V）が直接接続され、内部でIO回路やオーディオ出力用の中間バイアス電圧を生成しています。本機ではUSBオーディオDACとして動作していますが、ICとしては単機能ではなく、プログラム可能なマイクロプロセッサで汎用IOをもっています。

マイク入力のプルアップ用電源はUSBのVBUSからRCフィルタが2段入っています。これはノイズ対策だと思われます。

4極のステレオジャックのGNDピン（G）はUSBのGNDと分離されていて、U1の中間電位出力（VCMBUFR）と接続されています。

回路定数が"NMT"となっているのは未実装のコンデンサで、ノイズ対策用だと思われます。

プリント基板はGNDパターンや信号の流れもわかりやすく、きちんと設計されている印象を受けました。

主要部品の仕様

本製品の主要部品について調べていきます。

メインプロセッサ AB136D

図1-13 メインプロセッサ

メインプロセッサは深圳市中科蓝讯科技股份有限公司（bluetrum, http://www.bluetrum.com/）製のオーディオインターフェース用SoCの「AB136D」です。製品概要は以下にあります。

https://www.bluetrum.com/product/ab136d.html

CPUコアは「32bit RISC-V」でDSP（125MHz動作）を搭載、プログラム用の2MBのフラッシュメモリを内蔵しています。ADC（マイク入力）はモノラルです。

```
┌─────────────────────────────────────────────────┐
│  CPU： RISC-V + DSP拡張 (125MHz)    封装： QFN20 │
│                                                 │
│  蓝牙协议： 无                   Flash： 2 Mbit  │
│                                                 │
│  DC-DC： 不支持                  内置充电： 不支持│
│                                                 │
│  DAC： 立体声                    ADC： 单声道    │
└─────────────────────────────────────────────────┘
```

図1-14　AD136Dの製品概要より抜粋

データシートは以下のサイトからWeChatのアカウントを登録することで入手できます。

記載内容はピンの説明と電気的特性が中心で、レジスタマップなどのプログラミングに関する情報は記載されていませんでした。

```
https://www.52bluetooth.com/page-34523.html
```

USBデバイス情報の確認

Windows PCに接続してUSBデバイス情報を"USBView"で確認してみました。

```
https://learn.microsoft.com/ja-jp/windows-hardware/drivers/debugger/usbview
```

PCからは標準の"Audio Interface Class"として認識されています。

```
          ===>Interface Descriptor<===
bLength:                        0x09
bDescriptorType:                0x04
bInterfaceNumber:               0x00
bAlternateSetting:              0x00
bNumEndpoints:                  0x00
bInterfaceClass:                0x01  -> Audio Interface Class
bInterfaceSubClass:             0x01  -> Audio Control Interface SubClass
bInterfaceProtocol:             0x00
iInterface:                     0x00
```

図1-15　インターフェイス情報

次にデバイス情報を確認してみます。

接続はUSB2.0のFull Speed (FS, 12Mbps) です。ベンダーIDの"0x001F"はUSB規格を管理しているUSB-IF (https://www.usb.org/) のリストには存在していませんでした。

第1章 コード・ケーブル

ちなみにPC上では"TX USB AUDIO"という名称で認識されます。

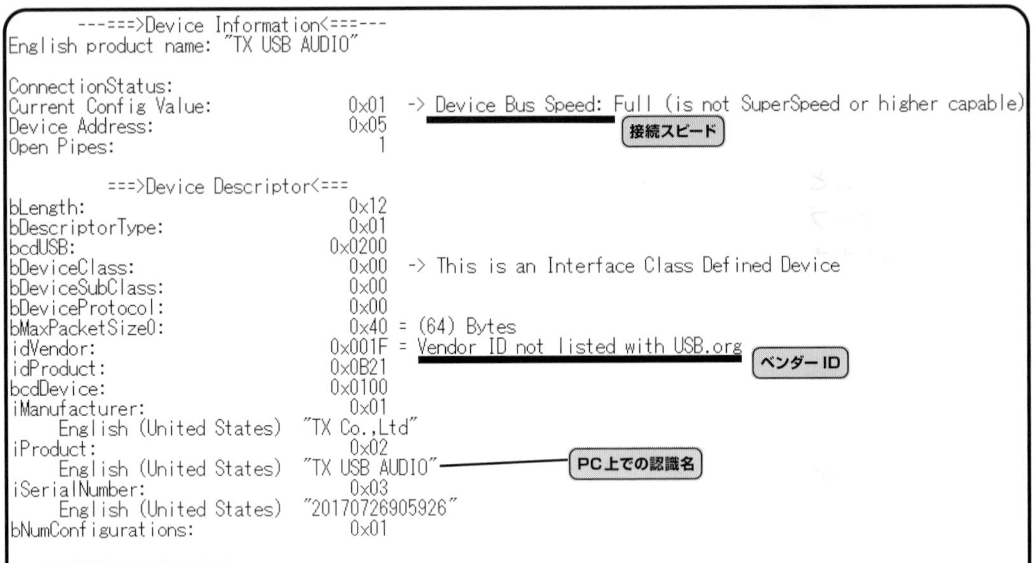

```
   ---===>Device Information<===---
English product name: "TX USB AUDIO"

ConnectionStatus:
Current Config Value:           0x01  -> Device Bus Speed: Full (is not SuperSpeed or higher capable)
Device Address:                 0x05                      接続スピード
Open Pipes:                        1

   ===>Device Descriptor<===
bLength:                        0x12
bDescriptorType:                0x01
bcdUSB:                       0x0200
bDeviceClass:                   0x00  -> This is an Interface Class Defined Device
bDeviceSubClass:                0x00
bDeviceProtocol:                0x00
bMaxPacketSize0:                0x40 = (64) Bytes
idVendor:                     0x001F = Vendor ID not listed with USB.org
idProduct:                    0x0B21                                       ベンダーID
bcdDevice:                    0x0100
iManufacturer:                  0x01
      English (United States)  "TX Co.,Ltd"
iProduct:                       0x02
      English (United States)  "TX USB AUDIO"    PC上での認識名
iSerialNumber:                  0x03
      English (United States)  "20170726905926"
bNumConfigurations:             0x01
```

図1-16 デバイス情報

*

　この価格で単機能のDAC ICではなく、CPUコアとオーディオDSPを内蔵したSoCを採用しているというのは予想外でした。
　ノイズも少なく、よくできている製品という印象です。

　bluetrum社製のSoCはCPUコアにRISC-Vを採用し、低価格のBluetooth Audioでよく見かけます。
　入力を無線からUSBに置き換えることで、ソフトウエアもある程度は共通化できると思われます。
　SoCを使う立場で考えても採用しやすいことは想像でき、製品のエコシステムの構築という観点でも非常に興味深いです。

1-2 人感センサーケーブル

USB電源で動くデバイスの電源とUSBケーブルの間に入れることで人感センサー対応にするようにできる「人感センサーケーブル」がダイソーで販売されていました。これを分解してみます。

パッケージの表示

「人感センサーケーブル」はLEDライトコーナーに並んでいました。
USB Type-Aコネクタ接続で、価格は300円（税別）です。

図1-17　パッケージの外観

ブランドはダイソーで中国製、型番は「センサー小物シリーズ 3083」となります。

パッケージ正面の右下に記載によると、本製品にはデータ転送機能はありません。

第1章　コード・ケーブル

図1-18　パッケージ右下の記載（拡大）

　付属の取扱説明書（日本語）の商品仕様によると、使用可能電圧：5V、使用可能最大電流：1Aです。大電流が流れる機器（たとえばモーターが使用されている機器）には使用できないので注意が必要です。

> **商品仕様**
> スイッチサイズ：W5cm×D4cm×H2.3cm
> Body size：1.96in×D1.57in×H0.90in
> ケーブル長：22.5cm（コネクター除く）
> 使用可能電圧：5V
> 使用可能最大電流：1A
> 感知範囲：約2m（120度）
> 動作可能温度範囲：0〜40℃
> コネクタータイプ：Type-A（オス）⇔Type-A（メス）
> 材質：ABS樹脂 / 銅（線） / TPE
> Material：ABS resin / Copper / TPE
> ※数値は使用環境・接続機器により変動します。

図1-19　商品仕様（取扱説明書より抜粋）

　人感センサーは赤外線感知式で感知範囲は距離2m・角度120度、通電時間は約1分です。

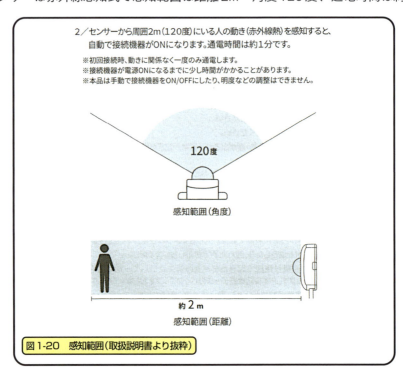

図1-20　感知範囲（取扱説明書より抜粋）

本体の外観

　本体のケーブル部分の長さはプラグ側・レセプタクル側ともに22.5cmです。
　センサーが付いた本体部分の外装はABS樹脂、左右に壁面への取り付け用のビス穴があります。

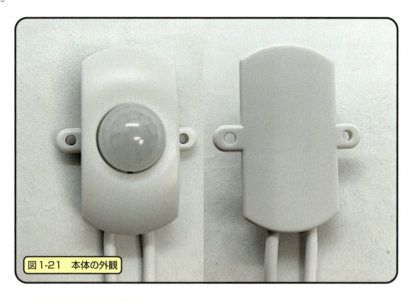

図1-21　本体の外観

本体の分解

　外装ケースは接着剤で固定されているので、本体側面の隙間にマイナスの精密ドライバを差し込んでこじ開けます。

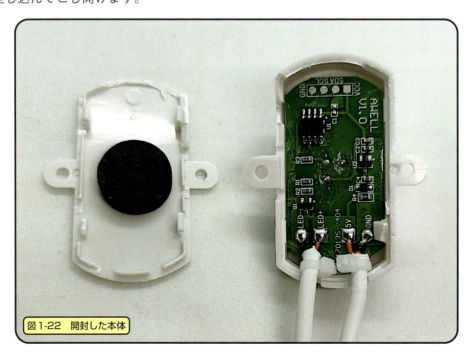

図1-22　開封した本体

背面のケースの内側には基板を押さえるための丸いスポンジが貼られています。
USBケーブルはプリント基板に直接ハンダ付け、データ転送機能はないため配線は電源（VBUS）とGNDだけです。ケーブルには抜け防止のために、ケースに引っかかるように結束バンドが付けられています。

プリント基板を取り出すと、裏側にはドーム型の半透明なプラスチック拡散板で覆われた人感センサーがあります。

図1-23　プリント基板のセンサー側

メイン基板

メイン基板はガラスエポキシ（FR-4）の両面基板、人感センサー以外は全て面実装部品で片面に実装されています。主な部品は人感センサー、コントローラー、三端子レギュレーター、MOSFET、ダイオードです。

USBケーブルの入力は「5V・GND」のランドに、出力は「LED＋・LED－」のランドにそれぞれ接続されています。
プリント基板の上部にはデバッグ用のランド（VCC・SDA・SCL・GND）があります。
プリント基板の型番「AWELL V1.0」はシルクで印刷されています。

[1-2]人感センサーケーブル

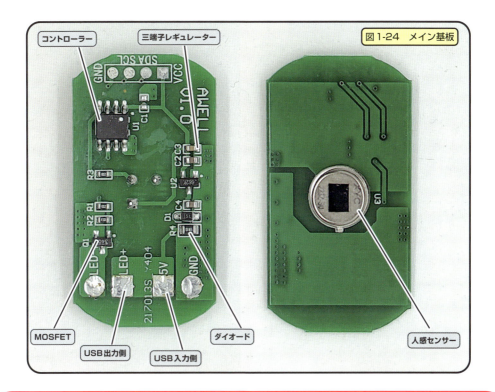

図1-24 メイン基板

回路構成

プリント基板のパターンから、メイン基板の回路図を作成しました。

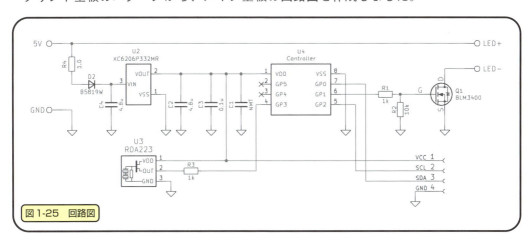

図1-25 回路図

　USB入力の"5V"から入力された電源は、入力直後でUSB出力の"LED＋"と制御回路用の電源のラインに分岐しています。
　抵抗R4は内部が短絡故障したときの保護用、ダイオードD2はUSB入力の5VとGNDの逆接続保護用だと思われます。
　U2は三端子レギュレーターでコントローラーU4と人感センサーU3の電源の3.3Vを生成しています。

21

Q1はNチャンネルパワーMOSFETで、USB出力のLED－側とGND間をON-OFFするためのローサイドスイッチになっています。

主要部品の仕様

本製品の主要部品について調べていきます。

人感センサー RDA223

図1-26　人感センサー

人感センサーは鄭州文森電子科技有限公司（Zhengzhou Winsen Electronics Technology Co., Ltd. https://www.winsen-sensor.com/）製のデジタルPIRセンサー（Pyroelectric Infrared Sensor）「RDA223」です。

データシートは、以下から入手できます。

https://www.winsen-sensor.com/d/files/manual/rda223.pdf

赤外線センサーだけではなく、ADコンバータ・各種フィルター・ロジック回路が内蔵されていて、内部で信号処理された状態でOUTに出力されます。

【1-2】人感センサーケーブル

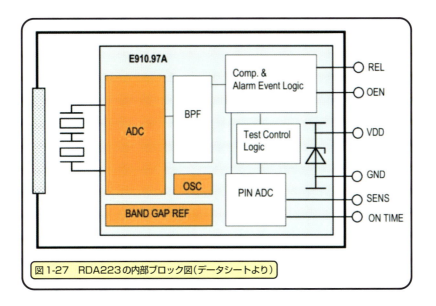

図1-27　RDA223の内部ブロック図（データシートより）

コントローラー 型番不明（PICピン互換）

図1-28　コントローラー

　コントローラーは表面にはマーキングなし、裏面のマーキングで検索しても該当品は見つからず詳細不明です。

図1-29　コントローラー裏面のマーキング

　ピン配置は、Microchip社のPICマイコン「PIC12F***」互換となっています。

23

三端子レギュレーター XC6206P332MR

図1-30 三端子レギュレーター

「662K」のマーキングの部品は日本のトレックス・セミコンダクター(株)（TOREX SEMICONDUCTOR LTD. https://product.torexsemi.com/）の3.3V出力LDO三端子レギュレーター「XC6206P332MR」です。

データシートは、以下から入手できます。
https://product.torexsemi.com/system/files/series/xc6206.pdf

最大出力電流：200mA、入出力電位差：250mV@100mA、過電流保護回路も内蔵しています。

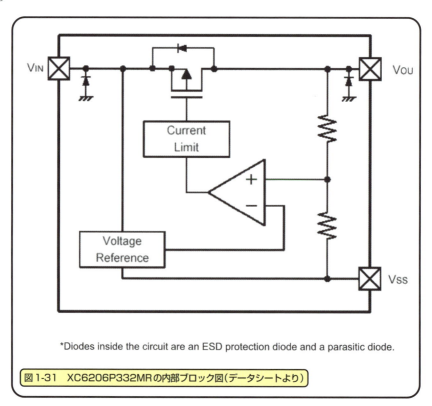

図1-31 XC6206P332MRの内部ブロック図（データシートより）

NチャンネルパワーMOSFET BLM3400

図1-32　NチャンネルパワーMOSFET

「3400」のマーキングの部品はNチャンネルパワーMOSFET「3400」シリーズで、各社より同等品が販売されています。

データシートは、上海贝岭股份有限公司 (Shanghai Belling Co., Ltd. https://www.belling.com.cn/)「BLM3400」のものが以下から入手できます。

https://datasheet.lcsc.com/lcsc/1810221832_BL-Shanghai-Belling-BLM3400_C169245.pdf

最大ON電流ID=5.8A、ON抵抗RDS (ON) <59mΩ (@VGS=2.5V) で、製品仕様の最大電流1Aに対して余裕があります。

＊

出力のランド名が「LED」になっていることから、もともと人感センサー付きLEDランプ用の基板にUSBレセプタクルをつけることで汎用的に使えるようにしたものと思われます。
　このような既存の製品を、「発想を変えて別の用途に応用する」というのを見ると、ものづくりに対するしたたかさと逞しさを感じます。

屋外への設置も配慮したと思われますが、外装ケースは接着で固定、水分の侵入などによる内部の短絡や電源の逆接続の保護用も配慮しており、既存製品からの流用であるにも関わらず、予想よりもきちんとした設計でした。

1-3
USB3.0対応Type-Cケーブル

ダイソーでUSB3.0（5Gbps転送）とUSB PD（Power Delivery）最大100W給電に対応した「USB3.0対応Type-Cケーブル」を見つけました。

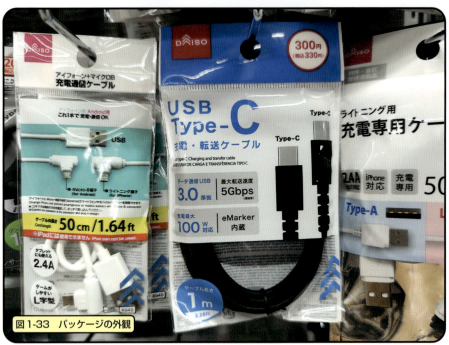

図1-33　パッケージの外観

パッケージの表示と製品の外観

「USB3.0対応Type-Cケーブル」はダイソーブランド、価格は300円（税別）です。パッケージには「USB 3.0 最大転送速度 5Gbps」「充電最大 100W eMarker内蔵」と明記されています。

　急速充電規格のUSB PD3.1ではケーブルに「eMarker」と呼ばれるICを搭載することで、標準の最大60W（20V/3A）から最大100W（20V/5A）に対応できるようになります。

　また、USB3.0対応では高速通信用の信号線（SS TX/SS RX）を追加することで5Gbpsに対応するので、どうしてもケーブルが太くなりがちなのですが、コネクタ部分の外観は、100円ショップでよく見かける「充電・転送ケーブル」（USB2.0 480Mbps対応）とほとんど変わりません。

[1-3] USB3.0対応Type-Cケーブル

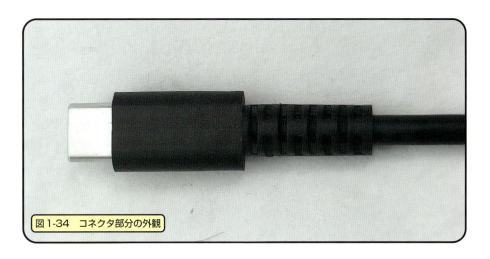

図1-34 コネクタ部分の外観

結線と抵抗値の確認

「USB CABLE CHECKER 2」(https://bit-trade-one.co.jp/adusbcim/)を使い、ケーブルの結線と充電用ラインの抵抗値を確認しました。

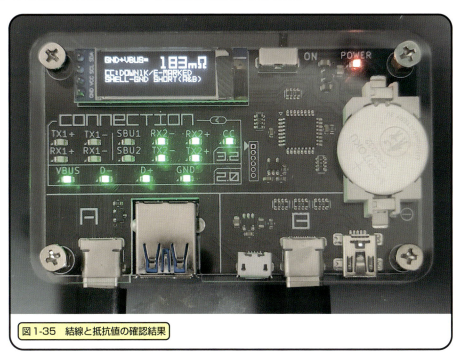

図1-35 結線と抵抗値の確認結果

VBUS～GNDラインの抵抗値は183mΩで通常の充電・転送ケーブル（250mΩ程度）より小さくなっています。

TX/RXラインは4組のうち2組しか結線されていません。これはUSB3.0 5Gbps通信の場合であれば問題はないのですが、Type-Cの「ALTモード」でHDMI信号を出力する場合は4組必要なため、本製品では対応できません。

27

第1章　コード・ケーブル

外装の開封

コネクタ部の外装を切断して外すと、中は樹脂で固められています。

樹脂を剥がすと、ケーブルとコネクタを接続する基板が見えてきます。基板は2種類あり、片方にのみeMarkerの実装パターンがあります。

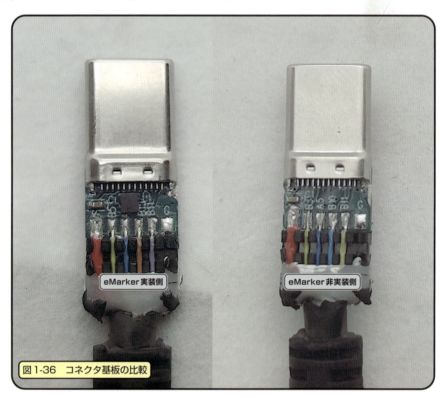

図1-36　コネクタ基板の比較

コネクタ基板

メイン基板はガラスエポキシ (FR-4) の両面基板です。eMarkerとチップコンデンサが同じ面に実装されています。

ケーブルのリード線は直接ハンダ付け、VBUSとGNDは大電流対応のために他と比べて太いリード線が使用されています。

VBUSとGNDは表と裏の両方にパターンがありますが、本製品ではそれぞれ片面にしかリード線が接続されていません。

[1-3] USB3.0対応Type-Cケーブル

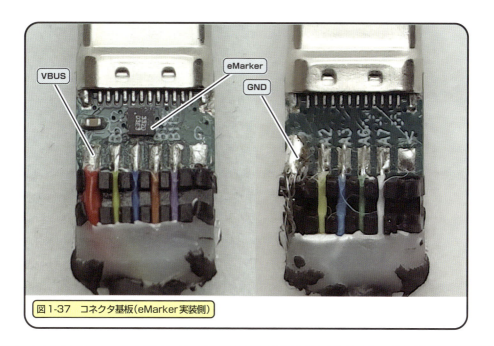

図1-37　コネクタ基板(eMarker実装側)

ケーブル

ケーブルは、芯線と被覆の間にアルミ箔シールドがある10芯タイプです。

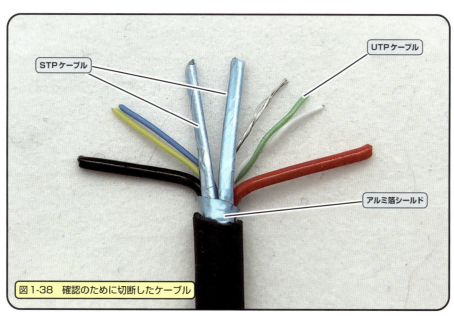

図1-38　確認のために切断したケーブル

　USB3.0の5Gbps通信で使用する二組の信号線(TX+/TX-及びRX+/RX-)は、シールド付きのツイストペア(Shielded Twisted Pair、STP)、USB2.0相当の480Mbps通信で使用する一組の信号線(D+/D-)はシールド無しのツイストペア(Unshielded Twisted Pair、UTP)となっています。

回路構成

基板パターンから、回路図を作成しました。

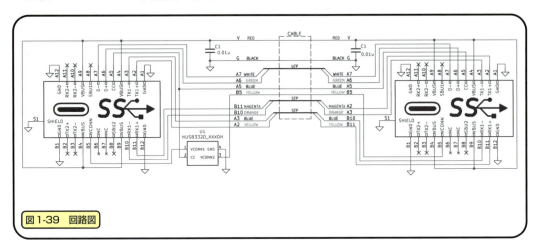

図1-39　回路図

　eMarker（U1）にはCC（Configuration Channel、USB PDプロトコルの通信ライン）とVCONN1/VCONN2（eMarker IC用電源ライン）が接続されており、USB PD対応の充電器とデバイスが接続されたことを検出してPDプロトコルに準じた通信を行ないます。

　USB PDの規格では、CCとVCONNはUSB Type-Cコネクタの上下対角の位置に配置されており、CCラインの抵抗値を検出することで、挿入したプラグ（ケーブル側）の裏表に応じてレセプタクル（充電器側）でCCラインとVCONNラインを入れ替えます。

　USB3.0通信についても同様で、TX1/RX1及びTX2/RX2はUSB Type-Cコネクタの上下対角の位置に配置されており、プラグ（ケーブル側）がレセプタクル（PC側）に接続されたときに、ケーブル両端のホストとデバイスがお互いに相手のRXの終端抵抗の有無を検出して、TX1/TX2のどちらを通信に使用するかを決定します。

Type-Cコネクタの信号配置

次の図はType-Cコネクタの規格書から抜粋したレセプタクルとプラグの信号配置です。
レセプタクル側の各信号は2つずつ、USB充電電流が流れるVBUSとGNDは4つずつが対角に配置されて、プラグの挿入向きに関係なく接続するためにレセプタクル側で使用する信号を決定する仕組みとなっています。

USB Type-C Receptacle Interface (Front View)

A1	A2	A3	A4	A5	A6	A7	A8	A9	A10	A11	A12
GND	TX1+	TX1-	VBUS	CC1	D+	D-	SBU1	VBUS	RX2-	RX2+	GND
GND	RX1+	RX1-	VBUS	SBU2	D-	D+	CC2	VBUS	TX2-	TX2+	GND
B12	B11	B10	B9	B8	B7	B6	B5	B4	B3	B2	B1

USB Full-Featured Type-C Plug Interface (Rear View)

A1	A2	A3	A4	A5	A6	A7	A8	A9	A10	A11	A12
GND	TX1+	TX1-	VBUS	CC	D+	D-	SBU1	VBUS	RX2-	RX2+	GND
GND	RX1+	RX1-	VBUS	SBU2			VCONN	VBUS	TX2-	TX2+	GND
B12	B11	B10	B9	B8	B7	B6	B5	B4	B3	B2	B1

図1-40 Type-Cコネクタの信号配置（USB規格書より抜粋）

主要部品の仕様

eMarker：HUSB332D_U31DH

図1-41 eMarker

eMarkerは深圳慧能泰半导体科技有限公司（Hynetek Semiconductor Co., Ltd. https://www.hynetek.com/）のeMarker Chip「HUSB332D_U31DH」です。

データシートは、以下より入手できます。

https://www.hynetek.com/uploadfiles/site/219/news/a91f54b6-2a87-409c-9baf-aff40d918d74.pdf

第1章　コード・ケーブル

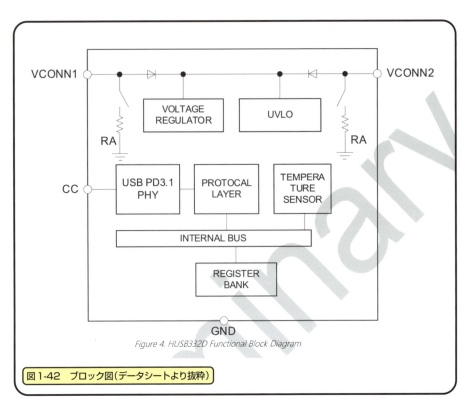

図1-42　ブロック図（データシートより抜粋）

　パッケージは、主な実装場所がケーブル内のため、DFN 1.6mm×1.6mm 4ピンと非常に小型になっています。

　製品仕様としてはUSB PD3.1に準拠しています。サードパーティ製のツールを使用することで、CCラインから3回までプログラムができます。

　外部に接続されるCC/VCONN1/VCONN2ピンのトレランス（許容範囲）は25Vで、Type-Cコネクタ部分でのVBUSとのショートを想定した仕様となっています。

USB PD動作の確認

本製品のUSB PDの動作を確認します。

eMarkerの確認にはCHARGERLAB (https://www.chargerlab.com/)の「POWER-Z KT001」を、パワールールの確認にはUSB PD EPRに対応したWITRN (https://www.witrn.com/)の「U3」を使用しました。

eMarker情報の確認

本製品のeMarkerの情報を読みだした結果です。USB規格の標準化団体である「USB-IF (https://www.usb.org/)」が付与するベンダーID/XID/プロダクトIDがいずれも0になっており、製品登録は行なわれていないものと思われます。

ケーブル情報のデコード結果では通信速度が「USB3.1Gen2（10Gbps）」、USB PDの対応が「50V 5A」となっており、製品仕様と差がありました。

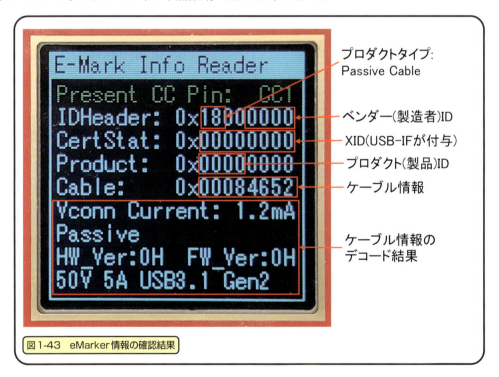

図1-43　eMarker情報の確認結果

USB PD規格書からケーブル情報（Passive Cable VDO）の部分を抜粋し、本製品の情報を矢印で記載したものを以下に示します。

USB PDでは最大VBUS電圧が20Vを超える場合は「EPR（Extended Power Range）」に対応している必要がありますが、VDOでは「Cable is not EPR Mode Capable」となっており、「Maximum s VBUS Voltage：50V」と不一致になっています。

Table 6-41 Passive Cable VDO

Bit(s)	Field	Description
B31...28	HW Version	0000b...1111b assigned by the VID owner
B27...24	Firmware Version	0000b...1111b assigned by the VID owner
B23...21	VDO Version	Version Number of the VDO (not this specification Version): • Version 1.0 = 000b Values 001b...111b are ***Reserved*** and ***Shall Not*** be used
B20	***Reserved***	***Shall*** be set to zero.
B19...18	USB Type-C plug to USB Type-C/Captive	00b = ***Reserved***, ***Shall Not*** be used 01b = ***Reserved***, ***Shall Not*** be used 10b = USB Type-C 11b = Captive
B17	EPR Mode Capable	0b – Cable is not EPR Mode Capable 1b = Cable is EPR Mode Capable
B16...13	Cable Latency	0000b – ***Reserved***, ***Shall Not*** be used. 0001b – <10ns (~1m) 0010b – 10ns to 20ns (~2m) 0011b – 20ns to 30ns (~3m) 0100b – 30ns to 40ns (~4m) 0101b – 40ns to 50ns (~5m) 0110b – 50ns to 60ns (~6m) 0111b – 60ns to 70ns (~7m) 1000b – > 70ns (>~7m) 1001b ....1111b ***Reserved***, ***Shall Not*** be used. Includes latency of electronics in Active Cable
B12...11	Cable Termination Type	00b = VCONN not required. Cable Plugs that only support *Discover Identity* Commands ***Shall*** set these bits to 00b. 01b = VCONN required 10b...11b = ***Reserved***, ***Shall Not*** be used
B10...9	Maximum V_{BUS} Voltage[2]	Maximum Cable V_{BUS} Voltage: 00b – 20V 01b – 30V[1] (***Deprecated***) 10b – 40V[1] (***Deprecated***) 11b – 50V
B8...7	***Reserved***	***Shall*** be set to zero.
B6...5	V_{BUS} Current Handling Capability	00b = ***Reserved***, ***Shall Not*** be used. 01b = 3A 10b = 5A 11b = ***Reserved***, ***Shall Not*** be used.
B4...3	***Reserved***	***Shall*** be set to zero.
B2...0	USB Highest Speed	000b = *[USB 2.0]* only, no SuperSpeed support 001b = *[USB 3.2]* Gen1 010b = *[USB 3.2]*/*[USB4]* Gen2 011b = *[USB4]* Gen3 100b...111b = ***Reserved***, ***Shall Not*** be used

[1] Values no longer allowed. When present the field ***Shall*** be interpreted as if it was 00b.
[2] EPR Sinks with a captive cable ***Shall*** report 50V.

図1-44 Passive Cable VDO(USB PD3.1規格書より抜粋)

利用可能なUSB PD パワールール

以下は、USB PD 140W (EPR 28V/5A) 対応の「Anker Prime Charging Station (https://www.ankerjapan.com/products/a9128) を使用して利用可能なUSB PD パワールール (PDO) を確認した結果です。

本製品はEPR対応ケーブルで認識されて、PDOに「28V 5A」と表示されます。

この状態で28Vを選択すると、27.2Vが出力されました。

図1-45 本製品接続時の利用可能なPDO

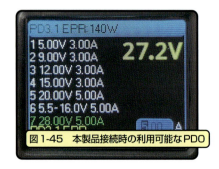

USB 3.0動作の確認

本製品を使用してPCのType-CポートにSSDを接続しベンチマークを実施しました。

結果は連続読み出しで554.67MB/s（約4.4Gbps）で、USB3.0として充分な速度で動作していることが確認できました。

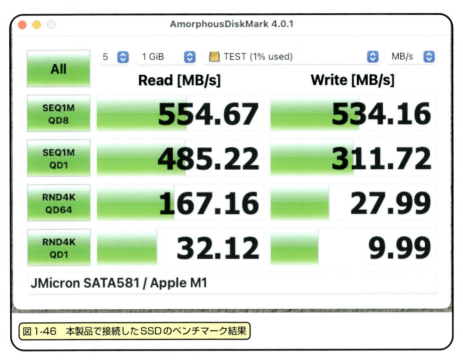

図1-46　本製品で接続したSSDのベンチマーク結果

＊

分解してみた感想としては「予想以上にきちんとした設計」です。

全信号の結線ではないのが少し残念ですが、5Gbpsでの通信に必要な信号はきちんと結線されていますので実使用上の問題はありません。

USB PD eMarkerのEPRに関する情報は一部間違いと思われる設定がありますが、EPR対応ではない100W対応の充電器で使用するには問題はないと思ってよいでしょう。

Type-CコネクタからのHDMI出力が可能な「ALTモード」には未対応ですが、USB3.0 5Gbpsで転送可能でUSB PD100Wに対応したType-Cケーブルが手軽に入手できるというのは、非常に魅力的です。

参考：USB関連規格書の入手先
```
USB-IF Document Library： https://usb.org/documents
```

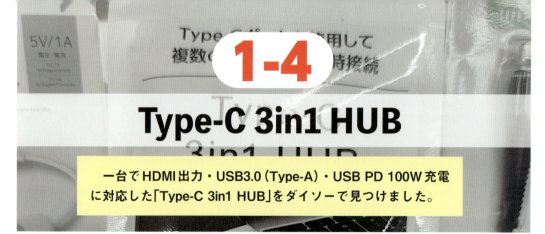

1-4 Type-C 3in1 HUB

一台でHDMI出力・USB3.0（Type-A）・USB PD 100W充電に対応した「Type-C 3in1 HUB」をダイソーで見つけました。

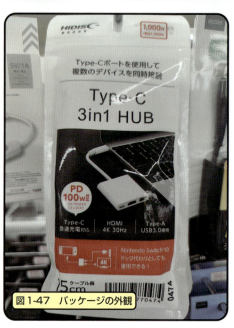

図1-47　パッケージの外観

パッケージの表示

「Type-C 3in1 HUB」のブランドはHIDISC、価格は1000円（税別）です。

　輸入事業者は100円ショップのガジェットを多数扱っている「（株）磁気研究所」（https://www.mag-labo.com/）、製品には6ヶ月の補償が付いています。

図1-48　パッケージの輸入販売業者表示

[1-4] Type-C 3in1 HUB

製品の外観と機能

製品サイズはW59×D54×H12mm、Type-Cケーブル長は約150mm。側面には、PD・HDMI・USB Type-Aのポートが並んでいます。

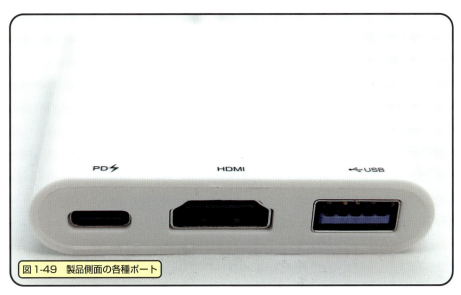

図1-49　製品側面の各種ポート

製品には日本語の取扱説明書が同梱されています。

USB PD用のType-Cポートは充電入力専用で、Type-C充電器を接続することで本製品を接続したType-C充電に対応したPCを充電することができます。

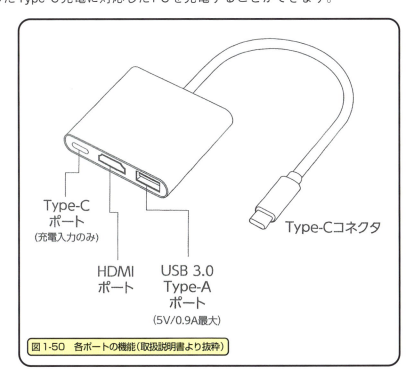

図1-50　各ポートの機能（取扱説明書より抜粋）

37

Type-Cコネクタ基板

Type-Cコネクタ基板はVBUS～GND間にコンデンサが実装されています。

　ケーブルはアルミ箔でシールドされており、Type-Cの4組の差動信号（TX1+/TX1-, RX1+/RX1-, TX2+/TX2-, RX2+/RX2-, 5Gbps）はシールド付きツイストペア（STP）、USB2.0の1組の差動信号（D+/D-, 480Mbps）はシールド無しツイストペア（UTP）となっています。

図1-51　Type-Cコネクタ基板

[1-4] Type-C 3in1 HUB

メイン基板

メイン基板はガラスエポキシ（FR-4）の両面基板、基板の型番「3iN1_LT8711H_V15」と基板の製造日（2020.09.01）がシルクで印刷されています。

表面に実装されているICはDP-HDMI変換IC、DC/DCコンバータ、MOSFET、3端子レギュレータです。スイッチング用のコイルも2個あります。

図1-52　メイン基板（表面）

39

裏面に実装されているICはDC/DCコンバータ、3端子レギュレータです。DP-HDMI変換ICの裏にICの電源ピンに最短となるようにチップキャパシタが配置されています。

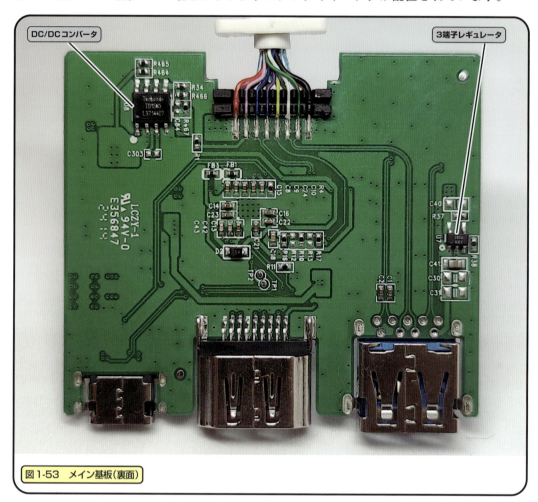

図1-53　メイン基板(裏面)

　高速信号のパターン引き回しや各電源回路のパターンなど、プリント基板はきちんとポイントを押さえた設計ができています。

[1-4] Type-C 3in1 HUB

回路構成

基板パターンから、回路図を作成しました。

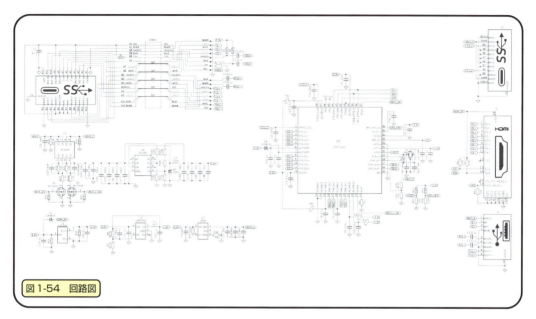

図1-54　回路図

　Type-Cコネクタからの2組の差動信号(TX1, RX1)は直接USB3.0 Type-Aポート(J4)に接続されています。

　残りの2組の差動信号(TX2, RX2)はDP-HDMI変換IC(U1)のDisplayPort入力に接続され、HDMI信号に変換されてHDMIポート(J2)に出力されます。

　これにより「DisplayPort ALT Mode」に対応したPCに接続すると、USB3.0通信とHDMI出力に同時に対応することができます。

　Type-CのCC(Configuration Channel)、DisplayPortのAUX、HDMIのDDC(Display Data Channel)といったサイドバンド信号もU1に接続されています。

　電源回路は5.0V(U8)・3.3V(U3)・1.2V(U2)の3系統、Type-AポートのVBUSは5.0Vから3端子レギュレータ(U7)で生成されます。Type-CポートからのVBUS入力電圧をU1のADC(25ピン)で監視しており、Type-Cポートに充電器が接続されるとMOSFET(U4)でType-Cホストへの充電モードへと切り替えます。

主要部品の仕様

DP-HDMI変換IC：LT8711H

図1-55　DP-HDMI変換IC

　DP-HDMI変換ICは龙迅半导体（合肥）股份有限公司（Lontium Semiconductor Corporation http：//www.lontiumsemi.com/）のDP to HDMI Converter「LT8711H」です。

　データシートは、以下より入手できます。

https://semiconductors.es/pdf-down/L/T/8/LT8711H-Lontium.pdf

　DP1.2及びHDMI1.4対応、Type-C Alt Mode対応のCCコントローラを内蔵しています。
　なお、データシートでは64ピンQFNパッケージですが、本製品で使用されているのは48ピンで、電源ピン・GPIO・SPIが削減、PD対応のCCピンが追加されていました。

DC/DCコンバータ(1.2V)：JW5250A

図1-56　DC/DCコンバータ(1.2V)

1.2VのDC/DCコンバータは杰华特微电子股份有限公司（JoulWatt Technology Co., Ltd. https://www.joulwatt.com/）のSynchronous Step-Down Converter「JW5220A」です。

データシートは、以下より入手できます。

https://www.lcsc.com/datasheet/lcsc_datasheet_2305101652_JoulWatt-Tech-JW5250ASOTA-TR_C5331999.pdf

スイッチング周波数は1.5MHz、入力電圧範囲は2.7-6.0V、最大出力電流は1A、最大効率が92％でした。

3端子レギュレータ(3.3V)：XC6206P331MR

図1-57　3端子レギュレータ(3.3V)

3.3Vの3端子レギュレータは、トレックス・セミコンダクター(TOREX SEMICONDUCTOR LTD. https://www.torex.co.jp)の低ESRコンデンサ対応正電圧レギュレータ「XC6206P331MR」です。

データシートは、以下より入手できます。

https://product.torexsemi.com/system/files/series/xc6206-j.pdf

最大入力電圧：6.0V、最大出力電流：200mA、入出力電位差：250mVです。

DC/DCコンバータ(5.0V)：TD1583

図1-58 DC/DC コンバータ(5.0V)

　5.0VのDC/DCコンバータは深圳市泰德半導体有限公司（Techcode Semiconductor, Inc. http：//www.techcodesemi.com/）のPWM Buck DC/DC Converter「TD1583」です。

　データシートは、以下より入手できます。

http：//www.techcodesemi.com/datasheet/TD1583.pdf

　スイッチング周波数は380kHz、入力電圧範囲3.6-28.0V、最大出力電流3A、最大効率は95%でした。

Dual P-Channel MOSFET：AO4805

図1-59 Dual P-Channel MOSFET

　VBUSの切り替えスイッチはAlpha and Omega Semiconductor（https://www.aosmd.com/）のDual P-Channel MOSFET「AO4805」です。

データシートは、以下より入手できます。

https://www.aosmd.com/sites/default/files/res/datasheets/AO4805.pdf

Vds(max)が-30V、ON抵抗(max)は18mΩ、最大電流は-9Aでした。

各ポートの動作確認

HDMI動作の確認

モニターを接続して確認しましたが、問題なく表示できました。
また、Nintendo Switchでも問題なく使用できました。

USB3.0動作の確認

HDMIポートにモニターを接続した状態でType-AポートにSSDを接続しベンチマークを実施し、転送速度は290MB/sとUSB3.0で動作していることを確認しました。

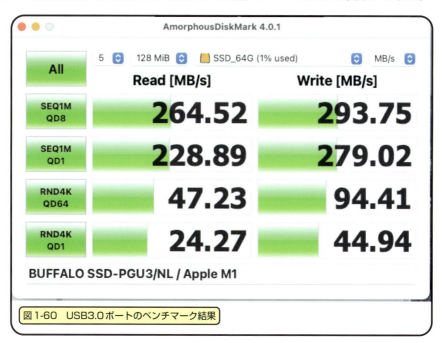

図1-60　USB3.0ポートのベンチマーク結果

USB PDパワールールの確認

100W対応のUSB充電器に接続し、USB PDのパワールール（PDO）を確認しました。

結果は50W（20V2.5A）で、eMarker非内蔵のケーブルを直接接続したときの60W（20V3A）より小さくなりました。

図1-61　本製品使用時の利用可能なPDO

＊

今まで分解してきた100円ショップのガジェットの中ではもっとも複雑な電源構成で、使用している半導体も多く、これを1000円という価格で販売できるというのは素直にすごいと感じます。

回路設計も予想以上にきちんとしており、特にUSB PD充電器からの充電とPCのType-Cポートからの通信を両立させるための電源回路の構成はよく考えられていて「なるほど、こうするのか」と勉強になりました。

USB PD充電のPDOが製品仕様と差があるのは残念ですが、それを除いても充分なコストパフォーマンスの製品だと思います。

第2章
ライト・電灯

100円ショップにはLEDやセンサー付きの電灯も売っています。
性能はどうでしょうか？

分解するガジェット

調光器対応LED電球
充電式COBライト
人感・明暗センサーLEDライト

2-1 調光器対応LED電球

調光機能付きの機器でも使用できる「調光器付LED電球」を分解して、通常のLED電球と何が違うのかを調べてみました。

パッケージと本体の外観

「調光器対応LED電球」はダイソーブランドで40W相当と60W相当の2種類が販売されています。40W相当品が300円（税抜）、60W相当が500円（税抜）と、調光器非対応のものと比べて若干高めの価格設定になっています。

今回は40W相当品を分解対象に選びました。

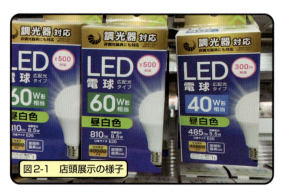

図2-1　店頭展示の様子

パッケージ

パッケージ内にあるのは本体のみ。パッケージ裏面には製品仕様が記載されています。

定格消費電力は5.5W、定格寿命は40000H（常時点灯で4年強）となっており、密閉型器具や非調光器具にも対応しています。

図2-2　パッケージ裏面の表示

48

【2-1】調光器対応LED電球

パッケージ側面には、使用できない器具など、注意事項の記載があります。

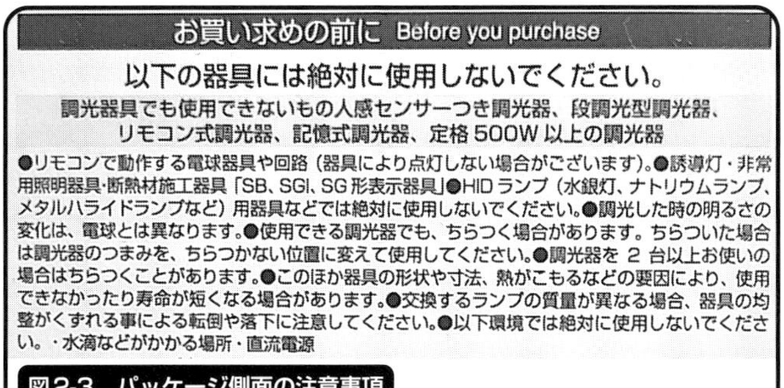

図2-3 パッケージ側面の注意事項

本体の外観

本体の外観は、一般的なLED電球です。

図2-4 本体の外観

電気用品安全法（PSE）のマークは本体の口金付近に表示されています。電球は特定電気用品対象外なので、〇で囲んだマークです。

図2-5 本体のPSEマーク

49

本体の開封

本体は、発光部分を覆うポリカーボネートのカバー、放熱用ヒートシンクを兼ねたアルミ製の外装と口金で構成されています。

カバーとヒートシンクは接着剤で固定されているので、隙間を超音波カッターで切断して開封します。

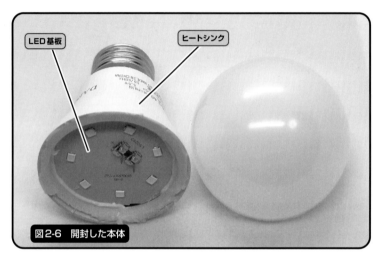

図2-6　開封した本体

LED基板は外装兼ヒートシンクにシリコンボンドで固定されています。LED基板中央には、コントロール基板との接続コネクタがあります。

基板の取り出し

LED基板とヒートシンクを固定しているシリコンボンドをはがしてLED基板を取り外すと、ヒートシンクの内側には電源基板があります。

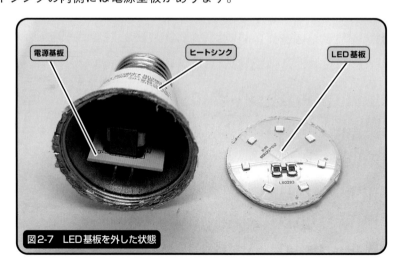

図2-7　LED基板を外した状態

電源基板は口金とハンダ付けされているので、口金を切って基板を取り出します。

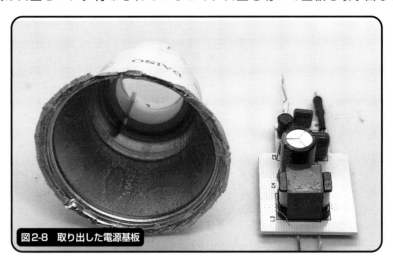

図2-8 取り出した電源基板

LED基板

LED基板はアルミ製の片面基板です。実装されているLEDは2835サイズ（2.8 x 3.5mm）のCOB（Chip On Board）タイプのものが7個実装されています。

電源基板接続用のコネクタは基板に穴をあけて、裏面から接続できるようになっています。

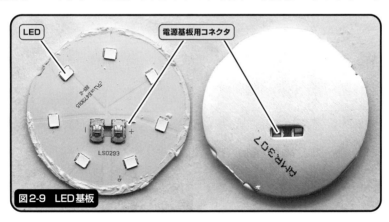

図2-9 LED基板

第2章 ライト・電灯

電源基板

電源基板はガラスコンポジット（CEM3）の片面基板です。パターン面の主な実装部品はブリッジダイオード、LEDドライバIC、ファストリカバリダイオード（FRD）です。

写真左の黒いチューブの下には突入電流制限用抵抗（実測100Ω）が付いています。
写真右端にはLED基板接続用のピンがハンダ付けされています。

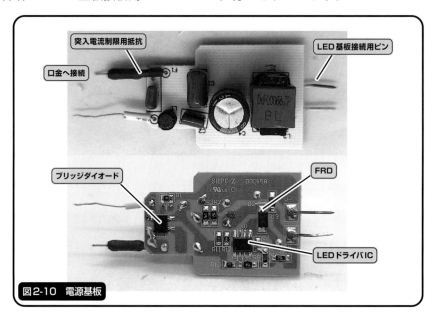
図2-10 電源基板

回路構成

基板パターンから回路図を作成しました。

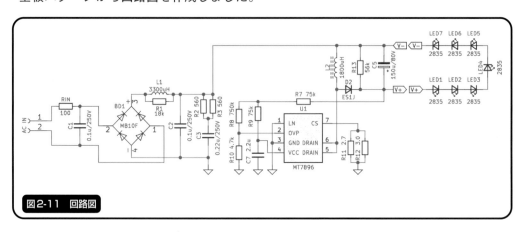
図2-11 回路図

[2-1] 調光器対応LED電球

一般的な調光器の動作について

　一般的な調光器は、半導体スイッチ（トライアック）で高速で照明を点滅させることで明暗の調光を行ないます。

　通常のLED電球の場合、点灯した瞬間に生じる突入電流が半導体スイッチの最大定格電流を超えてしまい調光器にダメージをおよぼして破損や故障、寿命を縮める原因になります。そのため、調光器対応のLED電球では突入電流を減らす対応が必要となります。

本製品の回路動作の概要

　本製品でもAC入力からブリッジ整流ダイオード（BD1）で全波整流された電源を使い、電源基板のLEDドライバIC（U1）が7個のLEDを駆動しています。

　AC入力に直列に入っている抵抗（RIN）は突入電流制限用抵抗で100Ωとかなり大きな値となっています。ブリッジ整流コンデンサ（C2）は0.1uFのフィルムコンデンサで非常に小さい値となっています。これとBD1とC2の間のインダクタ（L1）と併せて、電源ON時の突入電流のピーク値をできるだけ小さくしています。

　U1はLED定電流コントローラーで、臨界導通モード（CRM）で動作し、インダクタ（L2）に流れるDRAIN電流に応じて内部パワーMOSFETをゼロ電流がオン、ピーク電流がオフになるように制御して力率を改善し、AC入力電流の歪を減らして抵抗負荷の波形（正弦波）に近づけるように動作をします。

　U1のDRAIN出力側はインダクタ（L2）とフリーホイールダイオード（D2）で構成された昇降圧電源回路で、R11/R12で検出したLED電流のピークが一定になるようにドライブします。

主要部品の仕様

次に、本製品の主要部品について調べていきます。

LEDドライバIC MT7896

図2-12 LEDドライバIC

LEDドライバICは美芯晟科技（北京）股份有限公司（Maxic Technology Inc., https://www.maxictech.com/ ）のトライアック調光器対応LED定電流コントローラ「MT7896」です。

AC入力と分離しない非絶縁型で、バックブースト（昇降圧）電源でLEDを駆動します。臨界導通モード（CRM）動作により、力率（PF）は0.8以上、過電流保護（OCP）、短絡保護（SCP）、過電圧保護（OVP）、過熱時のLED電流遮断などの各種保護機能を持っています。

データシートは、以下から入手できます。

```
https://datasheetspdf.com/pdf-file/1260540/MaxicTechnology/
MT7896/1
```

ファストリカバリダイオード ES1J

図2-13 ファストリカバリダイオード

フリーホイールダイオードに使われているのは山东迪一电子科技有限公司（Shandong Diyi Electronic Technology Co., Ltd., http://www.dyelec.com/ ）製のファストリカバリダイオード「ES1J」です。

オリジナルはFARCHILD（ON Semiconductor）製で各社から同じ品番で互換品が製造されています。

ちなみに、Diyi Electronicは中国国内向けに特化しているようで、サイトへの日本からのアクセスは遮断されていました。

データシートは、以下から入手できます。

https://datasheet.lcsc.com/lcsc/2205061616_DIYI-Elec-Tech-ES1JH_C2995511.pdf

ブリッジ整流ダイオード MB10F

図2-14　ブリッジ整流ダイオード

ACブリッジ整流ダイオードは済南晶恒电子（集団）有限責任公司（JINAN JINGHENG ELECTRONICS CO., LTD., http://www.jinghenggroup.com/ ）のMB10Fです。

こちらも、各社から同じ品番で互換品が製造されています。

データシートは、以下から入手できます。

https://jlcpcb.com/partdetail/JF-MB10F/C478806

*

LED基板は放熱性能のよいアルミ基板を採用し、ヒートシンクを兼ねた外装へ放熱するという一般的な構造でした。

必要な機能をすべてワンチップに集約したLEDドライバICによって、基板も非常にシンプルになっています。

シンプルであるということは製造・検査しやすいということ意味しています。

外装やLED基板は以前分解した調光器非対応のLED電球とほぼ同じで、電源基板を変更することで調光器対応しています。これも、いわゆる「公板」「公模」で、中国のエコシステムをうまく活用してコストダウンしているという感想です。

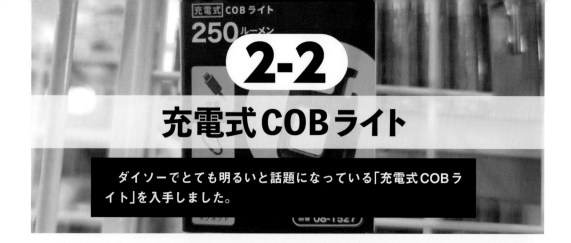

2-2 充電式COBライト

ダイソーでとても明るいと話題になっている「充電式COBライト」を入手しました。

パッケージの表示

「充電式COBライト」はLEDランプのコーナーにありました。店舗によってはアウトドア商品のコーナーにあるようです。本体価格は300円(税別)です。

図2-15 パッケージの外観

製品の供給元はホームセンターの電材工具でもよく見かける「(株)オーム電機 (https://www.ohm-electric.co.jp/)」。中国製で、型番は「LH-CT25A5」です。

図2-16 パッケージ側面の表示

パッケージに記載されている製品仕様によると、内蔵電源はリチウムポリマー(LiPo)バッテリー(3.7V 200mA)、定格入力(充電電流)はDC5V 0.7A(最大)、充電時間 約1.2時間、連続使用時間についての記載はありません。

充電ケーブルは付属していないので、別途準備が必要です。

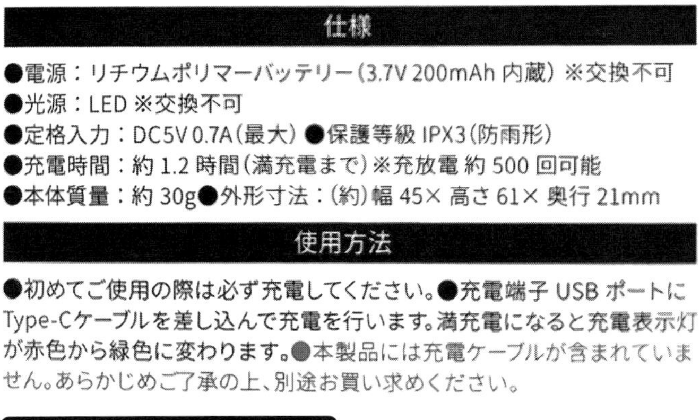

仕様

- ●電源：リチウムポリマーバッテリー（3.7V 200mAh 内蔵）※交換不可
- ●光源：LED ※交換不可
- ●定格入力：DC5V 0.7A（最大）●保護等級 IPX3（防雨形）
- ●充電時間：約 1.2 時間（満充電まで）※充放電 約 500 回可能
- ●本体質量：約 30g●外形寸法：(約)幅 45× 高さ 61× 奥行 21mm

使用方法

●初めてご使用の際は必ず充電してください。●充電端子 USB ポートに Type-C ケーブルを差し込んで充電を行います。満充電になると充電表示灯が赤色から緑色に変わります。●本製品には充電ケーブルが含まれていません。あらかじめご了承の上、別途お買い求めください。

図2-17　商品仕様（パッケージ背面）

本体の外観

　本体はコンパクトで掌にすっぽり収まるサイズです。本体上部はカラビナ形状になっていて、背面にはマグネットが付いています。

　カバンにぶら下げたり、金属製の壁面に貼り付けたりして簡単に使うことができます。

図2-18　本体の外観

本体の開封

IPX3（防雨形）のため、外装ケースは接着剤で固定されています。

本体側面の隙間に超音波カッターで切り込みを入れ、マイナスドライバを差し込んでこじ開けて開封します。

前面のLEDの内側にはLiPoバッテリーに発熱が伝わりにくいように厚めのスポンジが貼られています。

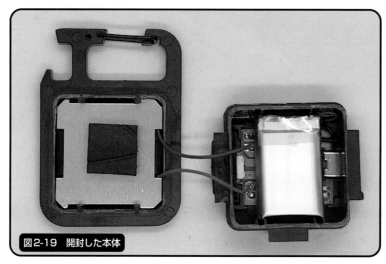

図2-19　開封した本体

LiPoバッテリーは両面基板で貼り付け。テープを剥がしてLiPoバッテリーを取り外すと、その下にメインボードがあります。

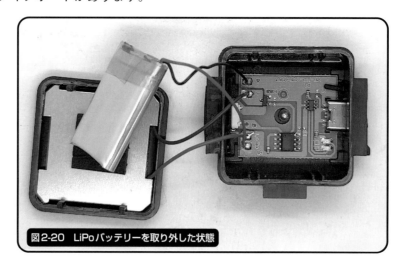

図2-20　LiPoバッテリーを取り外した状態

COB LEDモジュール

COB LEDは放熱のためにアルミ基板上に実装され、表面を透明な樹脂でコーティングされたモジュールになっています。

実装されているLEDの数は横6×縦3＝30個、基板上の表示の「Y33」はLEDのタイプ、「30」はLEDの数を指しているようです。

図2-21　COB LEDモジュール

LiPoバッテリー

LiPoバッテリーは表面にはまったく表示がありません。

実寸サイズは502030（W30×H20×D5mm）、サイズからは容量は製品仕様どおり200mAhだと思われます。保護回路は内蔵しておらずセルのタブに直接リード線が溶接されています。

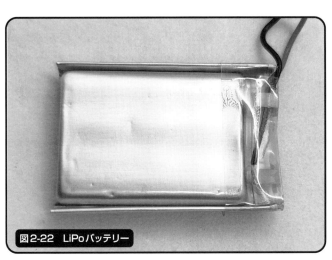

図2-22　LiPoバッテリー

メインボード

　メインボードはガラスコンポジット（CEM3）の片面基板、部品は全て面実装部品です。
　Type-Cコネクタは6ピンの充電専用のものを使用、充電状態表示のLEDは2個実装されていて充電中は赤、充電が完了すると緑が点灯します。

　OCB LEDモジュールは「L＋・L－」のランドに、LiPoバッテリーは「B＋・B－」のランドにそれぞれ接続されます。
　各部品の回路番号とプリント基板の型番「YF-ZP-Y8D4D57」はシルクではなく、レジストを抜いて表示されています。

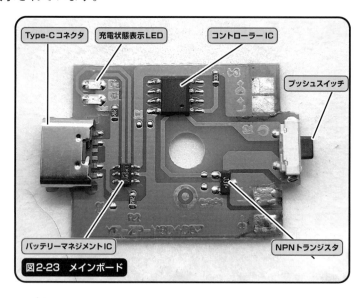

図2-23　メインボード

回路構成

プリント基板のパターンから回路図を作成しました。

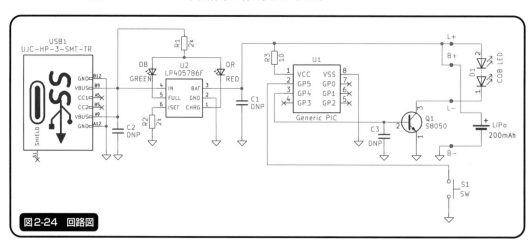

図2-24　回路図

Type-CコネクタのVBUS（5V）から入力された電源から、バッテリーマネジメントIC s（U2）が"BAT"端子に接続されたLiPoバッテリーの充電制御を行ないます。充電状態表示のLEDはバッテリーマネジメントIC（U2）が制御しています。

　Type-CコネクタのCC1・CC2端子は未接続のため、Type-CケーブルでPD対応充電器と接続しても充電はできません（ただし、これはパッケージにも「PD非対応」と記載あり）。

　コントローラーIC（U1）の電源はLiPoバッテリーの両端電圧から抵抗R3を経由してとっています。COB LEDモジュールの＋側もLiPoバッテリーの＋側に直結しています。

　プッシュスイッチS1のON-OFFをコントローラーIC（U1）の2番ピンで検出して、3番ピンでNPNトランジスタ（Q1）のベースをONしてCOB LEDを点灯させるという非常にシンプルな動作になっています。

　NPNトランジスタQ1のベースとコントローラーICの3番ピンの間に抵抗が入っていませんが、実測ではON時に1V程度になっていますので、3番ピンはオープンコレクタ出力で、コントローラーIC内部でプルアップされているものと思われます。

　本製品では充電時以外はLiPoバッテリーの電圧管理を行なっておらず、消灯時もコントローラーICはLiPoバッテリーの両端に接続されたままです。

　LiPoバッテリーの代わりに外部DC電源でコントローラーICの動作停止電圧を実測したところ2.45Vでしたので、未使用状態で長期間放置するとLiPoバッテリーが過放電状態になる可能性があります。

主要部品の仕様

本製品の主要部品について調べていきます。

コントローラーIC 型番不明（PICピン互換）

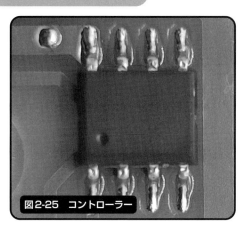

図2-25　コントローラー

コントローラーは表面にはマーキングがありません。パッケージ裏面の「PAS18A」のマーキングで検索しても該当品は見つかりませんでした。

図2-26　コントローラー裏面のマーキング

ピン配置はローエンドのガジェットではよく見かけるMicrochip社のPICマイコン（PIC12F***）互換になっています。

バッテリーマネジメントIC LP4057B6F

図2-27　バッテリーマネジメントIC

「LPS BMDK1」のマーキングの部品は深圳の微源半導体股份有限公司（Lowpower Semiconductor Co.,Ltd http://www.lowpowersemi.com/ ）のリチウムイオンバッテリーチャージャー「LP4057B6F」です。

データシートは、以下から入手できます。

http://www.lowpowersemi.com/storage/files/2023-05/dafb1735eb2a675827c0a66aecfb8315.pdf

最大充電電流:600mA、CC/CVモード対応で、LiPo電圧が3.0V以下になるとトリクル充電モードになります。充電電流はISET端子に接続された抵抗で以下の計算により設定できます。

I (bat) =1000/R (iset)

本製品ではR(iset)=2kΩですので、I(bat)=500mAです。

バッテリー容量は200mAhですので、かなり大きめ(2.5C)の充電電流設定となっています。

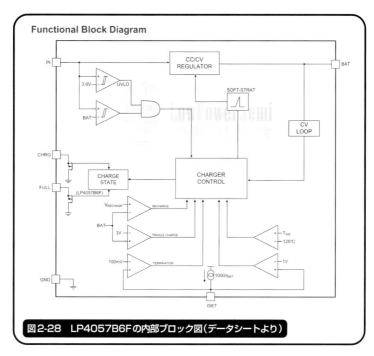

図2-28 LP4057B6Fの内部ブロック図(データシートより)

COB LEDモジュールの電圧-電流特性

COB LEDモジュールの+側にLiPoバッテリーが直接つながる構成になっているのでCOB LEDモジュールの順方向電圧-順方向電流特性を測定してみました。

点灯開始電圧(約2.6V)からほぼ比例関係で電圧が上昇しているので、LiPoの充電状態で明るさが変化することがわかりました。

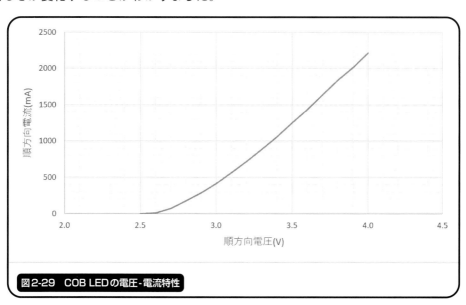

図2-29 COB LEDの電圧-電流特性

COB LEDモジュールの駆動波形

　COB LEDモジュールのL-側の駆動波形を以下に示します。Lの期間がLEDの点灯期間になります。明るさ制御は98HzのPWMで行なっていて、ON期間は「強」では約67％、「ブースト」では約99％でした。

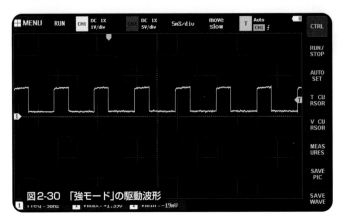

図2-30　「強モード」の駆動波形

＊

　LiPoバッテリーを内蔵した製品としては、電源回りは気になるところが多い回路設計でした。

　コストを考えると仕方がない部分はあるのは理解できるのですが、この回路構成であれば「LiPoバッテリーは保護回路内容のものを使用して、過放電の可能性をできるだけ避ける設計をした方がよかったのでは？」と素直に思います。

　製品の性格上、未使用状態のまま長期間保管しておくこともあると思われるので、定期的に電源に接続して過放電にならないように注意した方がよいでしょう。

2-3 人感・明暗センサーLEDライト

最近の100円ショップでは人感センサ付きLEDライトをよく見かけます。
今回はその中からバッテリーを内蔵したダイソーの充電式「人感・明暗センサーLEDライト」を分解してみます。

図2-31 パッケージの外観

パッケージの表示

「人感・明暗センサーLEDライト」のブランドは「ダイソー」、価格は300円(税別)です。
モーションセンサーの検知範囲は上下左右約110度、内蔵バッテリー容量は200mAhです。充電用コネクタはmicroUSB、充電ケーブルは付属していないので、別途準備が必要です。
LEDの明るさは20ルーメンと、通常の電球型と比べるとかなり低いので、暗所での補助用電灯が主な用途だと思われます。

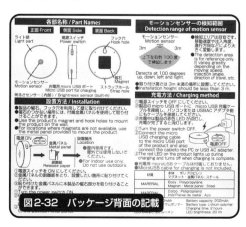

図2-32 パッケージ背面の記載

パッケージ側面の表示によると、点灯保持時間は約20秒（感知中は常時点灯）、最大連続点灯時間は約7時間です。

図2-33　パッケージ側面の記載（抜粋）

本体の外観

パッケージの内容は本体のみです。

本体はポリプロピレン製、正面のカバーは半透明で真ん中にモーションセンサーが配置されています。

光の拡散は不充分で点灯時に正面から見るとLEDの位置がはっきり分かります。

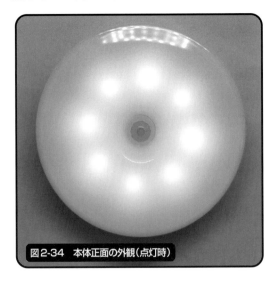

図2-34　本体正面の外観（点灯時）

本体の分解

正面の半透明カバーの隙間に精密ドライバ等を差し込んでこじると開封することができます。

防水などの配慮はないので、浴室や台所などで使用する場合は注意が必要です。

メインボードはケースにツメで固定されていて、ビスは一切使用されていません。

中央のモーションセンサーには拡散用の樹脂キャップが付いています。

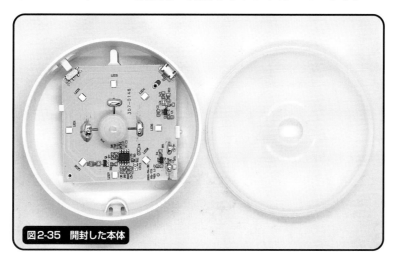

図2-35　開封した本体

メインボードを取り出すと、裏面に両面テープで固定されたLiPoバッテリーがあります。LiPoバッテリーのタブ（電極）はメインボードに直接ハンダ付けされています。

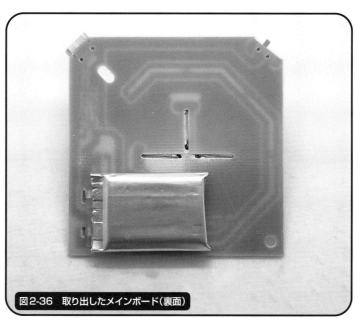

図2-36　取り出したメインボード（裏面）

LiPoバッテリー

　LiPoバッテリーは402030サイズ（幅9mm x 高さ20mm x 厚さ4.0mm）、容量は200mAhです。保護回路は内蔵していません。

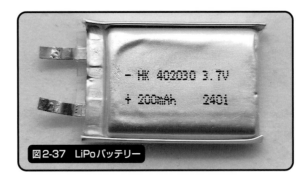

図2-37　LiPoバッテリー

メインボード

　メインボードはガラスコンポジット（CEM-3）の片面基板、基板の型番「KQ-YD1」と基板の製造日（2023/04/28）がシルクで印刷されています。
　LEDは2.4mm x 3.2mmサイズのCOB（Chip on Board）タイプのものが8個実装されています。
　モーションセンサーはPIRセンサーが、明暗センサーはフォトトランジスタが使われています。
　モーションセンサーは足を折り曲げて横に出す形でハンダ付け、それ以外の部品は面実装です。
　COB LEDの両端のパターンは放熱のために幅が広くなっています。ただ、電源・GNDのパターンは電流が流れる経路があまり配慮されておらず、全体的にやや雑な基板設計であるという印象を受けました。

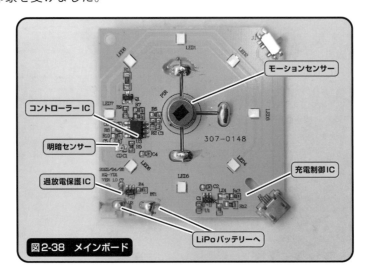

図2-38　メインボード

回路構成

基板パターンからメインボードの回路図を作成しました。

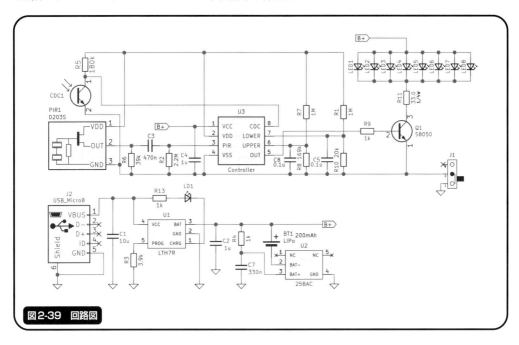

図2-39 回路図

　USBコネクタのVBUS（+5V）は充電制御IC（U1）に入力され、LiPoバッテリー（BT1）の充電電流制御を行ないます。LiPoバッテリーには保護回路がありませんので、メインボード上に保護用の回路を実装する必要があります。

　本製品のLEDの電源は直接LiPoバッテリー（回路図の"B+"）からとっているため、そのままでは連続点灯時に過放電になる可能性があります。過放電保護IC（U2）はLiPoバッテリーの両端電圧を監視し、一定電圧以下になったらBAT−側をGNDから切り離し過放電を防止する制御を行っています。

　コントローラーIC（U3）はLiPoバッテリーの電源（B+）から安定した電圧（VDD）を生成しセンサー類に供給しています。U3の6ピン・7ピンにはVDDを抵抗分割して接続して、センサーの感度を調整できるようになっています。
　回路構成としては、価格から想像していたよりもきちんと設計をしているという印象をうけました。

主要部品の仕様

コントローラーIC 型番不明

図2-40　コントローラーIC

　コントローラーICは表面に型番のマーキングがなく、該当するものを見つけることができませんでした。周辺回路の構成より、「人感・明暗センサー付きLEDライト」向けの専用のコントローラーだと思われます。

　ちなみに、チップを基板から剥がしてみたところ裏面にマーキングがありましたが、こちらでも該当するものは見つかりませんでした。

図2-41　コントローラーIC（裏面）

モーションセンサー D203S

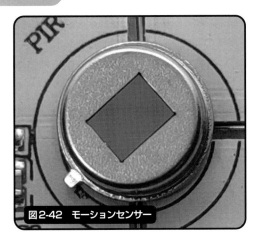

図2-42 モーションセンサー

モーションセンサーには赤外線の変化で動きを検知するPIR (Passive Infrared Ray) センサーです。

本製品で使用している3端子のタイプは「D203S」という型番で複数の会社から同様のもの販売されています。

データシートは、汎用向けのものが以下より入手できます。

```
https://www.futurlec.com/PIR_D203S.shtml
```

明暗センサー 型番不明

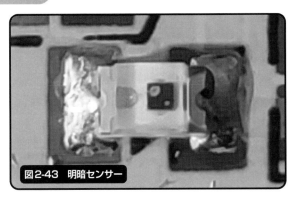

図2-43 明暗センサー

明暗センサーは、チップの構造から、周囲の明るさで流れる電流が変化する「フォトトランジスタ」であることが分かりました。

データシートは、億光電子工業股份有限公司 (Everlight Electronics https://www.everlight.com/) のものが以下より入手できます。

```
https://www.lcsc.com/datasheet/lcsc_datasheet_1809301614_
Everlight-Elec-PT11-21C-L41-TR8_C16746.pdf
```

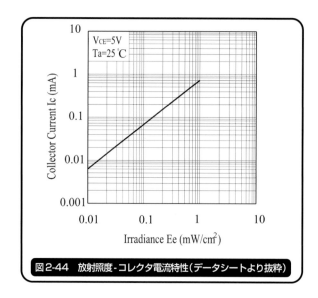

図2-44 放射照度-コレクタ電流特性（データシートより抜粋）

充電制御IC LTH7R

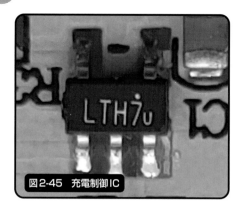

図2-45 充電制御IC

充電制御ICは深圳市富満电子集团股份有限公司（FINE MADE ELECTRONICS GROUP http://www.superchip.cn/）の単セルリチウムイオン電池用の充電管理IC「LTH7R」です。

データシートは、以下より入手できます。

https://www.lcsc.com/datasheet/lcsc_datasheet_2009281204_Shenzhen-Fuman-Elec-LTH7R-_C841234.pdf

最大充電電流はPROG端子に接続した外部抵抗で設定でき、本製品では約250mA（3.9kΩ）となっています。

Rprog电阻和充电电流Ibat对应表	
Rprog	Ibat
$I_{bat}=1000/R_{prog}$	
10K	100mA
5K	200mA
3.3K	300mA
2.5K	400mA
2K	500mA

図2-46　PROG抵抗-充電電流(データシートより抜粋)

過放電保護IC 型番不明

図2-47　過放電保護IC

　表面のマーキング(25BAC)では該当する部品を発見することができませんでした。
　回路構成よりLiPoバッテリーの両端電圧を監視し過放電を保護するICであると判断しました。

＊

　LiPoバッテリー周辺は初めて見る回路構成でした。
　LiPoバッテリー自体は保護回路を内蔵していないのですが、プリント基板上に保護回路を実装しており、電源スイッチもきちんと物理的にGNDを切り離してOFF時の電流が流れないようになっているのは良い設計だと思います。
　それだけにプリント基板のパターン設計が今一つなのは残念です。

　今までも同等の機能の製品を複数分解していますが、本製品ではコントローラに他の製品でよく使われているPICマイコンとピン互換のIC(ジェネリックPIC)ではなく、このタイプの製品専用と思われるICが使われていました。
　同じように見える製品でも、分解するたびに新たな発見があります。

第3章
オーディオ機器

近頃の100円ショップはオーディオコーナーも充実してきました。マイクやヘッドホンの他、定番となったワイヤレスイヤホンの性能を見ていきます。

分解するガジェット

ホームカラオケマイク
有線無線両用ヘッドセット
完全ワイヤレスイヤホン DG036-01
完全ワイヤレスイヤホン TWS002

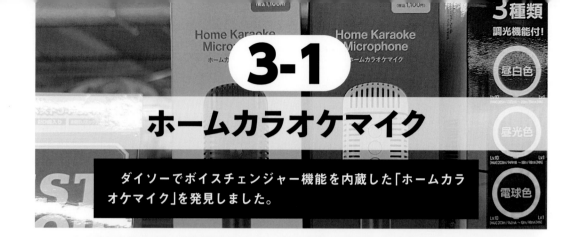

3-1
ホームカラオケマイク

ダイソーでボイスチェンジャー機能を内蔵した「ホームカラオケマイク」を発見しました。

パッケージの表示

「ホームカラオケマイク」はオーディオコーナーに並んでいました。
本体価格は1000円(税別)です。

図3-1 パッケージの外観

パッケージの同梱物は本体と取扱説明書(日本語)です。
製品の納入者は「MAKER(株)」(公式サイトなし)、製品自体は「made in China」です。技術基準適合証明番号(技適番号)もパッケージに表示されています。

図3-2 納入者と技適番号表示

総務省の電波利用ホームページ(https://www.tele.soumu.go.jp/giteki/SearchServlet?pageID=js01)での検索結果では、技適の工事認証取得も「MAKER CO.,LTD」で適合性評価は米国MiCon Labsによる相互承認認証(MRA)となっています。

相互承認(MRA)による工事設計認証に関する詳細情報	
工事設計認証番号	210-218333
工事設計認証をした年月日	令和5年9月26日
工事設計認証を受けた者の氏名又は名称	MAKER CO., LTD
工事設計認証を受けた特定無線設備の種別	第2条第19号に規定する特定無線設備
工事設計認証を受けた特定無線設備の型式又は名称	Home Karaoke Microphone [Music MIC, Music MIC −1, Music MIC −2, Music MIC −3, Music MIC −4, Music MIC −5]
電波の型式、周波数及び空中線電力	26M0F1D 2402~2480MHz 2mW 83M5F1D 2402~2480MHz 0.03mW/MHz 83M5G1D 2402~2480MHz 0.03mW/MHz
スプリアス規定	新スプリアス規定
周波数等を維持する機能	無
BODY SAR	—
備考	
登録外国適合性評価機関名	MiCOM Labs

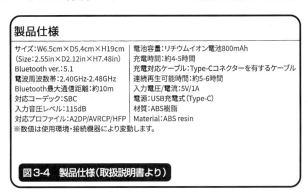

図3-3 技適情報(総務省電波利用ホームページより)

取扱説明書に記載の製品仕様によると、Bluetoothバージョンは5.1、最大通信距離は約10m、800mAhのリチウムイオン電池を内蔵し、連続再生時間は約4-5時間です。

充電ポートはType-Cですが、USB PD充電には未対応なので、充電にはUSB-A~Type-Cのケーブルが必要です。

ちなみに、充電ケーブルは付属していないので、別途準備する必要があります。

製品仕様

サイズ:W6.5cm×D5.4cm×H19cm (Size:2.55in×D2.12in×H7.48in) Bluetooth ver.:5.1 電波周波数帯:2.40GHz-2.48GHz Bluetooth最大通信距離:約10m 対応コーデック:SBC 入力音圧レベル:115dB 対応プロファイル:A2DP/AVRCP/HFP	電池容量:リチウムイオン電池800mAh 充電時間:約4-5時間 充電対応ケーブル:Type-Cコネクターを有するケーブル 連続再生可能時間:約5-6時間 入力電圧/電流:5V/1A 電源:USB充電式(Type-C) 材質:ABS樹脂 Material:ABS resin

※数値は使用環境・接続機器により変動します。

図3-4 製品仕様(取扱説明書より)

操作は本体の3個のボタンで行ないます。取扱説明書には記載がないのですが、ボイスチェンジャーボタンの短押しで「ボーカルキャンセル」となったので、普通の音源でカラオケを楽しむこともできます。

【操作方法】

本品は3つのボタンを押すことで次のような操作をおこなうことができます。

ボタン名称	操作内容	機能
電源ボタン	長押し	電源のON/OFF
	短押し	マイク機能のON/OFF(※1)
ボイスチェンジャーボタン	長押し	ボイスチェンジャー機能の切替(4タイプ)
再生/停止ボタン	短押し	再生/停止(※2)

図3-5 操作方法(取扱説明書より)

本体の外観

本体は長さ方向が190mmと、マイクとしては握りやすいサイズです。
外装はABS樹脂製、スピーカーとマイクの部分にはスリットが入っています。
手に持ったときの重量バランスもよく、ガタツキもありません。

図3-6　本体の外観

上部のマイク・スピーカー部の底面には、技適番号が印刷で表示されています。

図3-7　本体の技適番号表示

本体の開封

持ち手部分の底面のキャップはネジになっているので、回して外します。

マイク・スピーカー部の外装を隙間に薄い金属ピックを差し込んで外すと、内部のメインボードが見えるようになります。

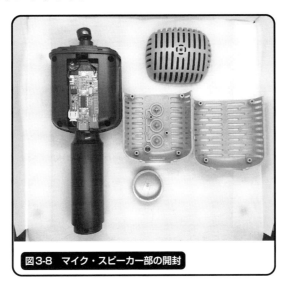

図3-8 マイク・スピーカー部の開封

内部の黒いケースの5か所のビスを外すと持ち手部分が開封できます。

持ち手部分の中には、円筒形のリチウムイオン電池があります。

図3-9 持ち手部分の開封

内部の部品を一式取り出して並べた次の写真です。

各部品とメインボードはコネクタで接続されていて、分解・組立がしやすい構造となっています。

第3章　オーディオ機器

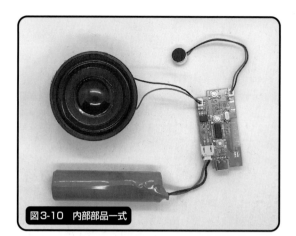

図3-10　内部部品一式

リチウムイオン電池

　リチウムイオン電池は、円筒形の18650タイプ（直径18mm×長さ65mm）、容量は800mAhです。

図3-11　リチウムイオン電池

スピーカー

　スピーカーは直径50mm×厚さ35mm、ロードインピーダンス：4Ω、実用最大出力：5Wで、マグネットがむき出しの非防磁タイプです。

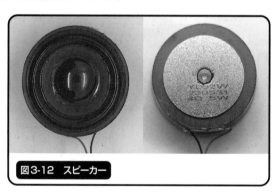

図3-12　スピーカー

80

マイク

マイクは直径10mm x 厚さ5mmと小型のコンデンサマイクです。表面には風除けのスポンジが貼られています。

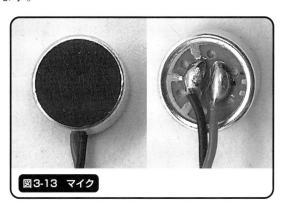

図3-13 マイク

メインボード

メインボードはガラスコンポジット（CEM3）の片面基板ですべての部品は面実装されています。

半導体部品はメインプロセッサとオーディオアンプ、Type-Cコネクタは6ピンの充電専用タイプ、BTアンテナは逆F型のパターンアンテナです。

プリント基板の型番「WND-430 MC873」と製造日（230424）はシルクで表示されています。

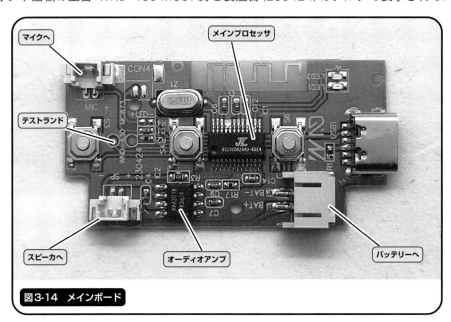

図3-14 メインボード

回路構成

プリント基板のパターンから回路図を作成しました。

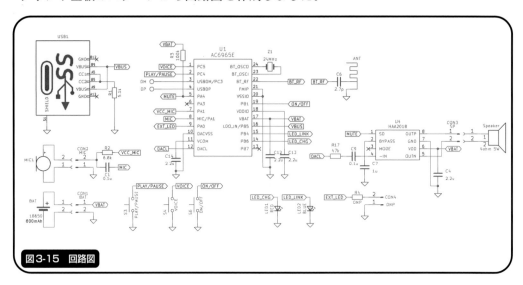

図3-15　回路図

　全機能がメインプロセッサ（U1）で実現されており、出力電力が大きいスピーカーの駆動のみをオーディオアンプ（U4）で対応しています。
　Type-Cコネクタからの電源（VBUS）はU1に直接接続、リチウム電池の充放電制御もU1が行なっています。
　U4の電源はVBATに直結、SD端子をVBATにプルアップすることで、電源OFF時はシャットダウン状態になるような構成となっています。

　Type-CコネクタのGND端子は未接続で、コネクタの金属シールドのみがGND接続されています。
　CC端子はCC1/CC2をショートした状態でまとめて5.1kΩでプルダウンされています。このため、USB PD対応の充電器でうまく充電できなくなっています。

主要部品の仕様

メインプロセッサ AC6965E

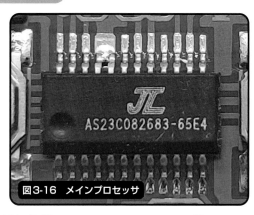
図3-16 メインプロセッサ

　メインプロセッサは低価格帯のBluetoothオーディオ機器でよく見かけるロゴの珠海市杰理科技股份有限公司（ZhuHai JieLi Technology, http://www.zh-jieli.com/）製のBluetooth内蔵マイクロプロセッサ「AC6965E」です。

　この型番はメーカーの製品一覧には存在しませんが、データシートは設計会社（方案公司）である「深圳科普豪电子科技有限公司」から入手できます。
https://www.kepuhaodianzikeji.com/newsinfo/5621864.html

　32bit RISC CPU + DSP（最大160MHz動作）、電源生成用のLDO、USB OTGコントローラ他各種ペリフェラルを内蔵し、Bluetooth V5.3をサポートしています。
　オーディオ出力は1チャンネルのみ（左右ミックス出力）で、シングルスピーカーの製品専用SoCです。

オーディオアンプ HAA2018

図3-17 オーディオアンプ

第3章　オーディオ機器

　オーディオアンプは同じ型番で複数の会社で作られている「HAA2018」です。

　データシートは深圳市矽源特科技有限公司 (Shenzhen ChipSourceTek Technology, http://www.chipsourcetek.com/)のものが、以下から入手できます。

```
http://www.chipsourcetek.com/Uploads/file/HAA2018.pdf
```

　AB級/D級切換機能付の単チャンネルオーディオアンプで本製品ではAB級動作で使用しています。シャットダウン時の消費電流は0.1uA (typ)です。

*

　メインプロセッサ内蔵のDSPですべての機能を実現、スピーカーやリチウムイオン電池といった部分にはきちんとコストをかけていてバランスがよい設計という印象なので、Type-Cコネクタ周辺の設計でPD充電器に対応できないのは非常に残念です。

　最近ではUSB PDに対応していないType-Cポートの機器もかなり減ってきたので、本製品もバージョンアップで対応する可能性に期待しています。

　最近の100円ショップのガジェットでは見かけることが減ったユニークなジャンルの製品なので、今後もこのような製品の登場を期待しています。

3-2 有線無線両用ヘッドセット

Bluetooth対応の密閉型ヘッドホン「有線無線両用ヘッドセット」をダイソーの店頭で見つけました。

パッケージの表示

「有線無線両用ヘッドセット」はスマホのイヤホンコーナーの棚の上に並んでいました。価格は1000円（税別）です。

図3-18　パッケージの外観

型番は「FS-BTHD001」、製造元は中国東莞に工場をもち、OEM/ODMに対応する「(株)FSC(https://www.e-fsc.jp/)」です。

図3-19　パッケージ裏面の製造元表示

取扱説明書に記載の仕様によると、通信方式は「Bluetooth Ver5.3」、バッテリー容量は「200mAh」で連続再生時間は「約10時間」。待機時間は「約100時間」となっていて、通常使いには充分なバッテリー容量です。

85

第3章 オーディオ機器

　音声コーデックは標準のSBCに加えて高音質とされているAAC（Advanced Audio Coding）にも対応しています。

製品仕様	
通信方式	Bluetooth Ver5.3
コーデック	SBC、AAC
ドライバー	40mm
インピーダンス	32Ω
音圧感度	97±3dB
マイクインピーダンス	2.2K
マイク音圧感度	-42±3dB
最大出力	20mW
バッテリー容量	200mAh
最大音楽再生時間※	約10時間
最大通話時間※	約8時間
待機時間※	約100時間
充電時間※	約1.5〜2時間
動作電圧	3.7V
動作電流	160mA
商品サイズ	約190×180×75mm
材質	ABS
付属品	microUSB充電ケーブル

図3-20　取扱説明書の製品仕様

　操作は左側の本体下にある3個のボタンで行ないます。

　通話機能はBluetooth接続の時のみ有効で、「有線接続では使用できません。」という記載があります。

操作方法	
再生/一時停止	電源/再生ボタンを1回押す
音量プラス	音量（+）/次曲送りボタンを1回押す
音量マイナス	音量（-）/前曲戻りボタンを1回押す
次曲送り	音量（+）/次曲送りボタンを2秒間長押しする
前曲戻り	音量（-）/前曲戻りボタンを2秒間長押しする
通　話※	電源/再生ボタンを1回押す、もう1回押す通話終了
着信拒否※	電源/再生ボタンを2秒間長押しする
ボイスサポート	電源/再生ボタンを2回押す

※有線時には使用できません。

図3-21　操作方法（取扱説明書より抜粋）

[3-2] 有線無線両用ヘッドセット

同梱物と本体の外観

パッケージの内容は「本体」と「取扱説明書」と、充電専用USBケーブル（Micro-B）です。本体はABS樹脂製、耳あて部分のクッションは本体と一体になっています。

頭に当たる部分にもクッションがついていて、実際に装着した感じでは、他のヘッドセットと比べても特に違和感はありませんでした。

図3-22　本体の外観

本体左側の耳あて部にある操作ボタンは3個、操作ボタンの下側には充電用のMicroUSBコネクタと有線接続用の3.5mmオーディオジャックがあり、その横にはLED用とマイク用の穴が空いています。

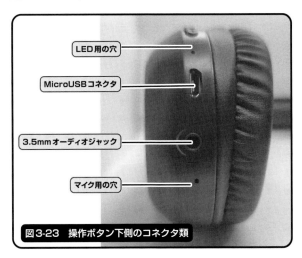

図3-23　操作ボタン下側のコネクタ類

本体右側の耳当て部には「技適マーク」とモデル名・製造者が印刷されています。リチウムイオン電池のリサイクルマーク表示とPSEマークもきちんとあります。

第3章 オーディオ機器

図3-24 本体の技適マーク

動作確認のためにスマートフォンとペアリングをして音楽を再生しましたが、ノイズもなく音質も素直で実使用でも問題なさそうです。

本体の開封

本体左側の耳あて部のケースはボスによる嵌め込みで固定されているので、薄い板状のものを隙間に差し込んでこじ開けます。

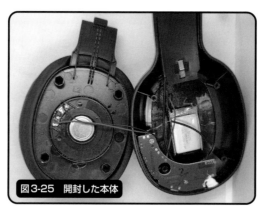

図3-25 開封した本体

内部はメイン基板とLiPoバッテリー、スピーカー、マイクで構成されています。

メイン基板と各部品は直接ハンダ付けで接続されています。右側のスピーカーは、本体のアーム部分を通るリード線で接続されています。

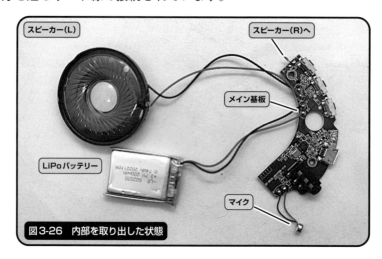

図3-26 内部を取り出した状態

88

LiPoバッテリー

LiPoバッテリーは保護回路内蔵の502030サイズ（厚さ5.0mm×高さ20mm×幅30mm）、容量は製品仕様どおりの"3.7V 200mAh"です。

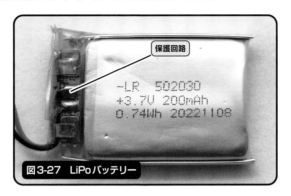

図3-27　LiPoバッテリー

メイン基板

メイン基板はガラスエポキシ（FR-4）の両面基板で部品はすべて片面に面実装。

実装されているのは、メインプロセッサとその周辺部品（水晶振動子、セラミックコンデンサ、インダクタ）、3個のプッシュスイッチ、MicroUSBコネクタ、3.5mmオーディオジャック（スイッチ付き）、状態表示LED（RED/BLUE）です。

Bluetoothアンテナは基板パターンで基板の両面にスルーホール接続される形で配置されています。

基板表面には基板の型番「BT-8026-AB5616B-V1.0」と基板の製造日（2021.11.16）がシルクで表示されています。

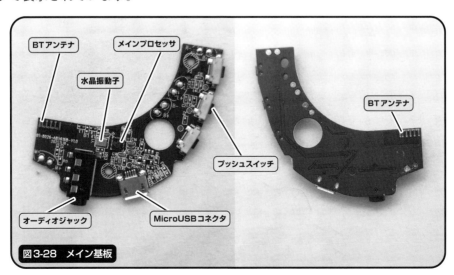

図3-28　メイン基板

回路構成

基板パターンからメイン基板の回路図を作成しました。

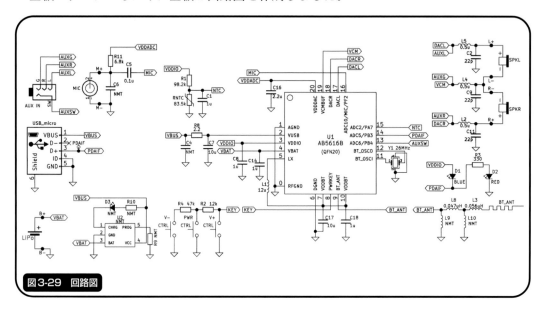

図3-29 回路図

メインプロセッサ（U1）にはUSBからの電源（VBUS）とLiPoバッテリーが直接接続され、バッテリーの充放電制御はメインプロセッサが行なっています。

U2は必要に応じてリチウムイオン充放電ICを実装するための予備パターンです。

メインプロセッサの周辺部品はコンデンサと26MHzの水晶振動子、BT電源（VDDBT）平滑用のインダクタ（L1）です。

コンデンサは内蔵のPMU（Power Management Unit）で生成した電源（VDDIO/VDDDAC/VDDBT）のフィルタ用で、各電源端子とGND間に接続されています。

VDDBTは5番ピン（LX）からのスイッチング出力をインダクタ（L1）とコンデンサ（C17,C18）で平滑して生成しています。

キー入力（3個）は抵抗分割による電圧の変化を1個の入力端子（ADC）で検出、状態表示のRED/BLUEのLEDは1個の出力端子で排他制御しています。

スピーカーの各ラインにはノイズ対策でLとCのローパスフィルタが入っています。有線接続用のオーディオジャックはU1のオーディオ出力端子（DACR/DACL/VCMBUF）に直接接続されていて、13番ピン（ADC6）で接続を検出したらU1が出力を停止して切り替えます。

MicroUSBコネクタのD+からU1の14番ピンに接続されている「PDAIF」はオンボードでのプログラム書き込みに使用します。

プリント基板はGNDパターンや各電源の引き回しも問題なく、きちんと設計されている印象を受けました。

主要部品の仕様

本製品の主要部品について調べていきます。

メインプロセッサ AB5616B

図3-30　メインプロセッサ

メインプロセッサは深圳市中科蓝讯科技股份有限公司（bluetrum, http://www.bluetrum.com/）製のBluetoothオーディオ用SoCの「AB5616B」です。

製品概要は以下にありますが、データシートなどの詳細仕様は公開されていませんでした。
https://www.bluetrum.com/product/ab5616b.html

このプロセッサを使用した製品のFCC Reportが以下にあったので、ピン名はこちらを参考にしました。
https://fcc.report/FCC-ID/2ADM5-EP-0642/

パッケージはQFN20で、すべてのピンを無駄なく使用しています。
製品概要によると、CPUコアは「32bit RISC-V」でDSP（80MHz動作）を搭載し、プログラム用の2MBのフラッシュメモリを内蔵しています。Bluetoothはv5.4準拠となっています。

水晶振動子 26MHz 汎用品

図3-31　水晶振動子

水晶振動子はFA-238パッケージ（3.2×2.5×0.7mm）の汎用品が使用されています。同じパッケージの水晶振動子のデータシートは以下から入手できます。

https://akizukidenshi.com/download/ds/epson-toyocom/FA238-20MHz.pdf

Bluetooth接続情報の確認

今回もAndroid版の「Bluetooth Scanner」というアプリを使用しました。

本製品は「FS-BTHD01」という名前で検出されます。プロファイルは「ヘッドセット」でコーデックは製品仕様どおり「AAC,SBC」がサポートされています。

図3-32　Bluetooth接続情報

＊

外観はしっかりしていて安っぽい感じもなく、装着感も良好です。音質にも問題がなく、以前の100円ショップのヘッドホンのイメージと比べて、製品としてのレベルがかなり上がっていると実感しました。

本製品で採用されているSoCのメーカーである深圳市中科蓝讯科技（bluetrum）は、RISC-V Internationalの「Strategic Member」（https://riscv.org/members/）であり、ほぼすべてのSoCのCPUコアにRISC-Vを使っています。

低価格のBluetoothオーディオ製品を分解すると、SoCには珠海市杰理科技（ZH-JieLi）が採用されていることがほとんどで、ほぼ「1強」状態に近い印象なのですが、今後bluetrumがどの程度増えていくのか注目をしていきたいと思います。

3-3 完全ワイヤレスイヤホン DG036-01

ダイソーから低遅延のゲームモードに対応した「完全ワイヤレスイヤホン」の新製品を発見しました。

パッケージの表示

ダイソーの低遅延モード対応「完全ワイヤレスイヤホン（TWS）」は「ダイソーブランド」で、価格は他のTWSと同じく1000円（税別）です。

図3-33　パッケージの外観

パッケージの仕様表示によると通信方式は「Bluetooth Ver5.1 Class2」、内蔵バッテリー容量はイヤホンが「40mAh」、充電ケースが「250mAh」です。音楽の連続再生時間は「約8時間」、充電ケースでイヤホンを約2回充電できます。

マルチペアリングに対応していて登録可能端末数は「最大4台」です。

内蔵電池	〈充電ケース・イヤホン〉リチウムポリマー電池	サイズ・重量	充電ケース：W60×D38×H29mm・約28g
最大使用時間	音楽再生：約8時間		イヤホン：W23×D24.9×H19.5mm（イヤーピースM装着時）・約4g(片方のみ)
	通話：約5時間、待受：最大160時間	充電インターフェイス	USB TypeC
	充電ケース使用時 最大音楽再生：約24時間（イヤホンを2回充電可能）	通信方式	Bluetooth Ver.5.1 Class2
充電時間	充電ケース：約2時間 イヤホン：約2時間	周波数範囲	2.4GHz
内蔵バッテリー容量	充電ケース電池容量250mAh 電池容量1.85Wh/L イヤホン電池容量40mAh	通信距離	約10m（使用環境によって異なります）
ドライバーユニット	ダイナミック型 φ10mm	対応コーデック	SBC
入力インピーダンス	32Ω	登録可能端末数	最大4台
再生周波数帯域	20Hz-20000Hz	対応Bluetoothプロファイル	A2DP(オーディオ),AVRCP(リモートコントロール),HFP(ハンズフリー),HSP(ヘッドセット)
出力音圧レベル	100dB±3dB	その他	映像との音ズレを最小限に抑えるゲームモード(遅延時間0.06sの低遅延モード)有り
付属品	シリコンイヤーピース(S/M/L)※Mサイズはイヤホンに装着済み		
対応機種	Bluetooth対応のスマートフォン、タブレット・オーディオ機器 ※通話の場合はHFPまたはHSP、音楽再生の場合はA2DPに対応していること。		

図3-34　製品パッケージの仕様表示

パッケージ背面の特徴には、「日本人技術者がチューニングした日本人向けの音質」との記載があります。

93

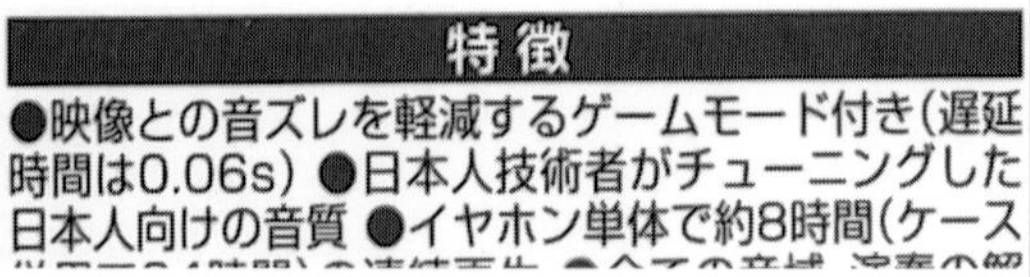

第3章　オーディオ機器

図3-35　製品パッケージの特徴表示

低遅延の Game Mode へは、イヤホンのボタンを連続3回クリックで切り替えます。

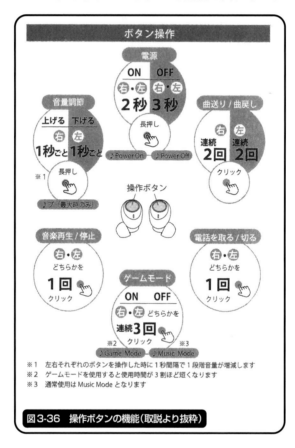

図3-36　操作ボタンの機能（取説より抜粋）

　音質はこれまでのダイソーのTWSと比較しても中音が強めの印象で、個人の好みによって評価が分かれるところだと思います。筆者としては「常時使うには癖が強すぎて厳しい」と感じました。

【3-3】完全ワイヤレスイヤホン DG036-01

同梱物と本体の外観

　パッケージの内容は「イヤホン（左右各1個）」「充電ケース」「取扱説明書（日本語）」です。充電ケースのコネクタは「USB Type-C」、充電ケーブルは付属していません。

　イヤホンの外装はプラスチック製、イヤーピースはS・M・Lの3種類が付属しています。

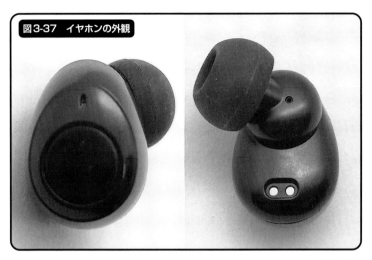

図3-37　イヤホンの外観

　充電ケースのコネクタはTWSでは一般的な磁石でイヤホンと電極を接触させる構造です。「技適マーク表示」は充電ケース裏面にあります。

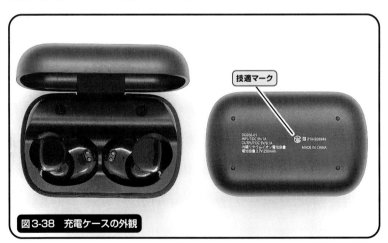

図3-38　充電ケースの外観

技術基準適合証明等の種別	氏名又は名称	特定無線設備の種別	型式又は名称	番号	年月日	スプリアス規定	周波数等の維持機能	BODY SAR	添付有無	機関名
技術基準適合証明	Cross Brain Co., Ltd.	第2条第19号に規定する特定無線設備	True Wireless Bluetooth headset [DG036-01]	210-205946	令和5年2月6日	新規定	無	-	有	MiCOM Labs

図3-39　技適取得情報

95

イヤホンの開封

イヤホンはケースの隙間に精密ドライバ等を差し込んで開封できます。内部はメインボード、LiPoバッテリー、スピーカー、充電電極及び磁石で構成されています。LiPoバッテリーはメインボードに両面テープで固定されています。

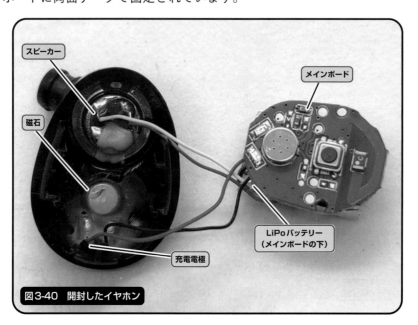

図3-40　開封したイヤホン

LiPoバッテリー（イヤホン）

LiPoバッテリーは501012サイズ（幅12×高10×厚5.0mm）で容量40mAhです。保護回路は内蔵しておらず、タブ（電極）にリード線を直接ハンダ付けしています。

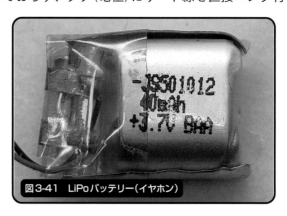

図3-41　LiPoバッテリー（イヤホン）

メインボード（イヤホン）

メインボードはガラスエポキシ（FR-4）の両面基板（これまで分解したTWSのイヤホンは4層基板）、基板の型番「S807-AD6983D A0」がシルクで印刷されています。

表面にメインプロセッサ・水晶発振子、裏面にプッシュスイッチ・コンデンサマイク・チップアンテナ・LED（B/R）が実装されています。

チップアンテナは小型で、GND側のパターンの引き回しで感度を稼いでいるようです。

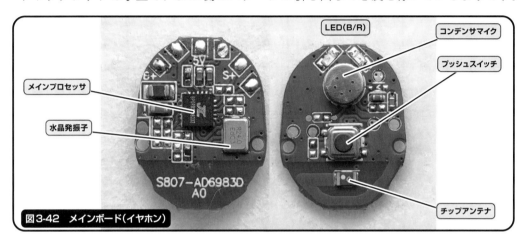

図3-42　メインボード（イヤホン）

回路構成（イヤホン）

基板パターンからメインボードの回路図を作成しました。

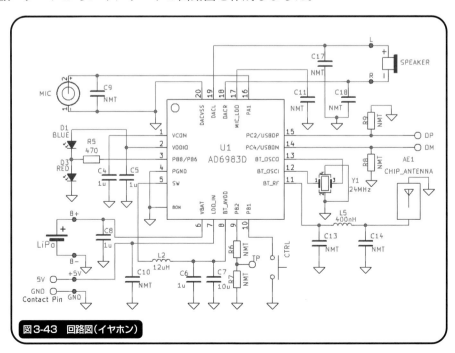

図3-43　回路図（イヤホン）

97

メインプロセッサ (U1) には充電電源 (+5V) とLiPoバッテリー (B+/B-) が直接接続されており、充電制御はメインプロセッサで行なっています。

メインプロセッサの周辺部品はコンデンサとインダクタ (L2) 及び水晶発振子 (24MHz) のみ。必要な電源のうちVDDIO、VCOMはプロセッサ内部で、Bluetooth用電源はSW出力 (5pin) をL2とC6/C7で平滑して生成してBT_AVDD (8pin) へ入力しています。

未実装部品 (NMT) のほとんどはノイズ対策用の保険回路です。

主要部品の仕様

メインプロセッサ AD6983D

図3-44　メインプロセッサ

メインプロセッサは珠海市杰理科技股份有限公司 (ZhuHai JieLi, http://www.zh-jieli.com/) のBluetooth TWS用SoC「AD6983D」です。

データシートはデザインハウス (方案公司) の深圳市科普豪电子科技有限公司 (KEPUHAO) から入手できます。

https://www.kepuhaodianzikeji.com/newsinfo/909528.html

パッケージはQFN20で、主な仕様は以下の通りです。

- 32bit CPU + DSP (最大160MHz動作)
- Bluetooth v5.1準拠
- LDO + DC-DCコンバータ内蔵
- LiPo充電コントロール (VBAT:2.2-4.5V)
- 省待機電力: Soft-off mode時2uA

充電ケースの開封

充電ケースも隙間に精密ドライバ等を差し込んで開封できます。内部には充電ボードとLiPoバッテリーがあります。LiPoバッテリーは充電ボードに直接ハンダ付けされ両面テープでケースに縦に固定されています。

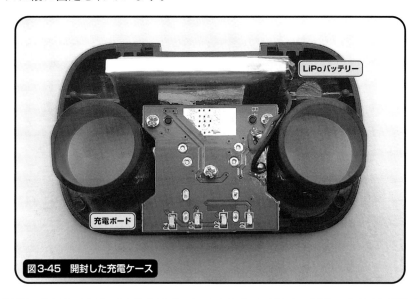

図3-45　開封した充電ケース

LiPoバッテリー（充電ケース）

LiPoバッテリーは保護回路内蔵の502030サイズ（幅30×高20×厚5.0mm）で、容量は250mAhです。

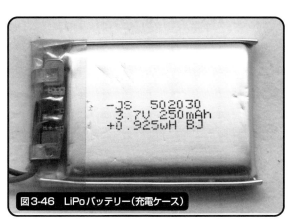

図3-46　LiPoバッテリー（充電ケース）

充電ボード（充電ケース）

充電ボードはガラスエポキシ（FR-4）の両面基板です。

表面は充電制御IC・昇圧用インダクタ・イヤホン充電用コンタクトピン・Type-Cコネクタ、裏面は充電状態表示の4個のLEDが実装されています。

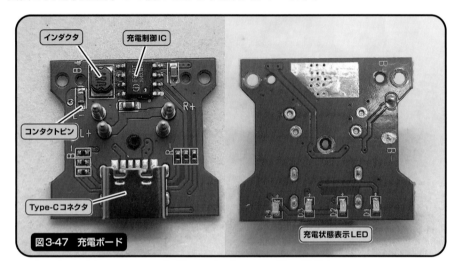

図3-47　充電ボード

回路構成（充電ケース）

基板パターンから充電ケースの回路図を作成しました。

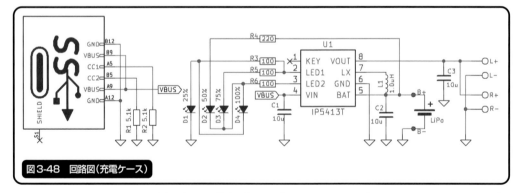

図3-48　回路図（充電ケース）

USB Type-Cは6ピンの充電専用で電源（VBUS）・GNDとCC（Configuration Channel）ラインのみ接続、USBデバイスとして検出するためのCCラインにはUSB規格通り5.1kΩが実装されています。

充電制御IC（U1）はUSBのVBUS（5V）からのLiPoバッテリーへの充電と、LiPoバッテリーの電圧を5Vに昇圧しイヤホンへ充電（充電ケースから見たら放電）を行ないます。

充電状態表示のLEDは2個のピン出力の組合せで4個をON/OFFしています。

主要部品の仕様（充電ケース）

充電制御IC IP5413T

図3-49　充電制御IC

充電制御ICは深圳英集芯科技股份有限公司（INJOINIC, http://www.injoinic.com/ ）の TWS充電ケース用IC「IP5413T」です。

データシートは、以下のページのLinkから入手できます。

http://www.injoinic.com/product_detail/id/26.html

主な仕様は、以下の通りです。

- 最大出力電流: 200mA
- 昇圧効率: 約95%
- 充電電流: 最大500mA
- スリープ時電流: 10uA

Bluetooth接続情報の確認

「Bluetooth Scanner, Finder」での接続情報確認結果です。

名前は「DG036-01」、コーデックは「SBC（SubBand Codec）」のみで、低遅延プロトコルは使用していません。

図3-50　Bluetoothの接続情報

遅延時間の実測結果

環境依存もあり参考値となりますが、スマートフォンで遅延時間が測定できる「Superpowered Latency test（https://superpowered.com/latency）」で遅延時間を実測しました。

有線イヤホンの測定結果は44ms、Bluetooth接続での遅延はここからの差分となります。

図3-51　有線イヤホンでの遅延時間実測結果

Music Mode（通常モード）での遅延時間は、291-44=247msでした。

図3-52　Music Modeでの遅延時間実測結果

Game Mode（低遅延モード）での遅延時間は182-44=138msと、効果はありました。

図3-53　Game Modeでの遅延時間実測結果

＊

本製品のSoC（ZhuHai JieLi「AD6983D」）は他の低価格TWSでも採用されていますが、ソフトウエアだけで低遅延に対応しています。これは他の低価格TWSにはない機能であり、「良いところに目を付けたな」と思います。

「日本人技術者がチューニングした日本人向けの音質」という表現と併せて、ハードウエアのコストを上げずに他の低価格TWSとの差別化をしているのは評価できます。

ただ、「日本人向けの音質」というのを売り文句にするのであれば、もう少し音質についても癖の少ない一般受けのするチューニングにして欲しかったと、個人的には感じます。

3-4 完全ワイヤレスイヤホン TWS002

ダイソーからは多くの種類の「完全ワイヤレスイヤホン」が発売されています。
今回はその中でも音が良いと評判の「TWS002」を分解してみます。

パッケージの表示

「完全ワイヤレスイヤホン TWS002」は「ダイソー」のブランド、価格は他のTWSと同じく1000円（税別）です。

ダイソーの完全ワイヤレスイヤホン（以降TWS）としては5番目に発売された製品です。

図3-54　パッケージの外観

パッケージの製品仕様によると通信方式は「Bluetooth Ver5.3」、内蔵バッテリー容量はイヤホンが「25mAh」、充電ケースが「250mAh」です。

充電ケースはUSB Type-C接続、手持ちのUSB PD対応充電器でもきちんと充電することができました。

```
              特徴 / FEATURES
【通信方式】Bluetooth標準規格 Ver5.3 【出力】Bluetooth標準規格 Power Class 2
【通信距離】見通し距離 約10m 【対応Bluetoothプロファイル】A2DP,AVRCP,HFP,HSP
【対応コーデック】SBC 【対応コンテンツ保護】SCMS-T方式 【伝送帯域】20Hz〜20,000Hz
【電池持続時間】連続再生時間：約4時間30分 / 充電ケース使用時：約18時間
【連続待ち受け】約50時間 *使用条件により異なります。
【イヤホンバッテリー容量】25mAh ×2 【充電ケースバッテリー容量】250mAh
【バッテリー種類】イヤホン:リチウムイオンポリマー / 充電ケース:リチウムイオン
【充電時間】イヤホン：約1時間30分 / 充電ケース(イヤホン+充電ケース)：約2時間
ヘッドホン部分【型式】ダイナミック型 【ドライバー】Φ10mm 【出力音圧レベル】98±3dB
【再生周波数帯域】20Hz〜20,000Hz 【インピーダンス】32Ω 【付属品】充電ケース、取扱説明書
```

図3-55　パッケージ記載の製品仕様

操作はタッチコントロールで行なうタイプです。音質は他のダイソーのTWSと比較して全音域のバランスよく、付属のイヤーピースを自分にちょうどよいサイズに交換するとかなり良い音になります。

本体の外観

パッケージの内容は「イヤホン（左右各1個）」充電ケース」「取扱説明書（日本語 & 英語）」で、充電ケーブルは付属していません。

イヤホンは背面の操作タッチセンサー部分に溝があり触って分かりやすいようになっています。

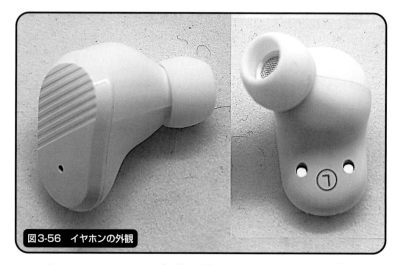

図3-56　イヤホンの外観

充電ケースのコネクタはTWSでは一般的な磁石でイヤホンと電極を接触させる構造です。「技適マーク表示」は充電ケース裏面にあります。

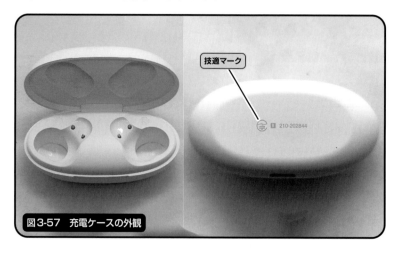

図3-57　充電ケースの外観

技適番号から総務省の「電波利用ホームページ」で検索をした結果、工事設計認証取得は、オーディオ機器メーカーの「ラディウス（株）（https://www.radius.co.jp/）です。

104

【3-4】完全ワイヤレスイヤホン TWS002

相互承認(MRA)による工事設計認証に関する詳細情報	
工事設計認証番号	210-202844
工事設計認証をした年月日	令和4年12月22日
工事設計認証を受けた者の氏名又は名称	Radius Co., Ltd.
工事設計認証を受けた特定無線設備の種別	第2条第19号に規定する特定無線設備

図3-58　技適認証情報（総務省電波利用ホームページより抜粋）

イヤホンの開封

イヤホンケースの隙間に精密ドライバなどを差し込んで開封します。

タッチ操作電極はケース側にメッシュ状の金属を貼り付けて、メインボード上のポゴピンと接触する形です。

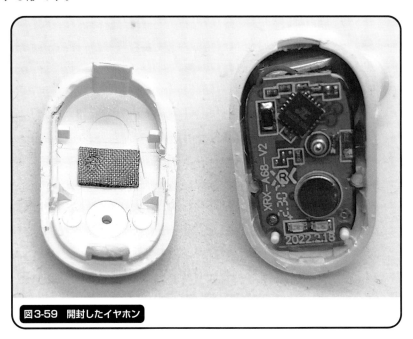

図3-59　開封したイヤホン

メインボード下にはLiPoバッテリーがあり、その下にスピーカーがあります。

スピーカーと外装ケースの隙間はシール材で埋められていて、スピーカー前面には大き目のスペースが確保されています。

105

第3章　オーディオ機器

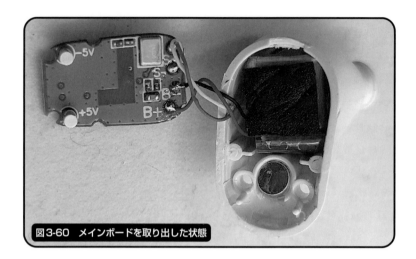

図3-60　メインボードを取り出した状態

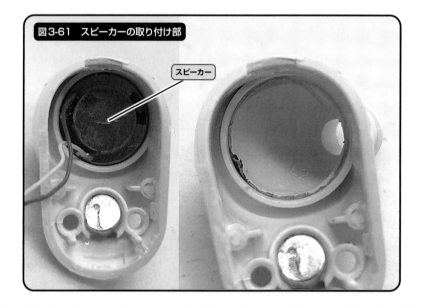

図3-61　スピーカーの取り付け部

LiPoバッテリー（イヤホン）

　LiPoバッテリーは保護回路内蔵の400909サイズ（幅9×高9×厚4.0mm）、容量は25mAhです。

図3-62　LiPoバッテリー（イヤホン）

メインボード（イヤホン）

　メインボードはガラスエポキシ（FR-4）の4層基板、基板の型番「XRX-A68-V2」と基板の製造日（2022.2.18）がシルクで印刷されています。表面にはメインプロセッサー・コンデンサーマイク・チップアンテナ、裏面には水晶発振子が実装されています。

　アンテナは特殊な構成で、GNDパターンに大きなスリットを入れた上で、SoCのアンテナ出力をインダクタ経由でGNDと接続し、チップアンテナ経由でSoCのGNDとループ状態で接続されています。

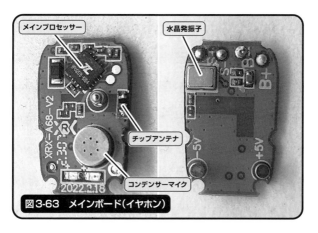

図3-63　メインボード（イヤホン）

回路構成

　基板パターンからメインボードの回路図を作成しました。

　回路番号は基板に表示がないので、筆者が割り当てました。"DNP"は未実装部品（Do Not Populate）です。

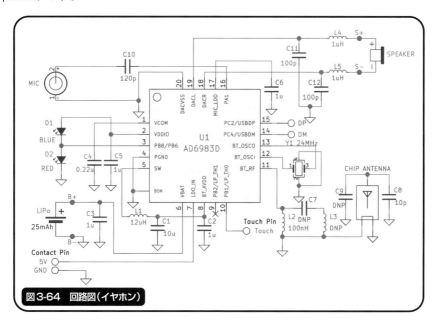

図3-64　回路図（イヤホン）

LiPoバッテリーの充放電制御はメインプロセッサー(U1)で行なっています。

Bluetooth用電源(BT_AVDD)はSW端子の出力をL1とC1で平滑して生成することで消費電力を削減しています。タッチセンサー用ピンはメインプロセッサーの端子(LP_TH0)に直接接続されています。

主要部品の仕様

メインプロセッサー AD6983D

図3-65 メインプロセッサー

メインプロセッサーは珠海市杰理科技股份有限公司(ZhuHai JieLi, http://www.zh-jieli.com/)のBluetooth TWS用SoC「AD6983D」です。

データシートは、深圳市科普豪电子科技有限公司(KEPUHAO)から入手できます。
https://www.kepuhaodianzikeji.com/newsinfo/909528.html

最大160MHz動作のCPUと32bitオーディオDSPを搭載し、データシート上はBluetooth v5.1に準拠しています。Soft-off mode時2uAとTWS用に特化した省電力のSoCです。

充電ケースの開封

充電ケースも隙間に精密ドライバ等を差し込んで開封します。

内部には充電ボードとLiPoバッテリーがあります。LiPoバッテリーは保護回路内蔵の502030サイズ（幅30×高20×厚5.0mm）で容量は250mAhで、充電ボードに両面テープで固定されています。

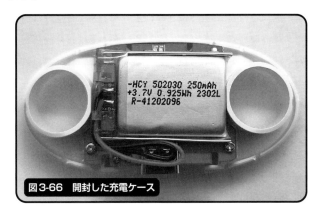

図3-66 開封した充電ケース

充電ボード

充電ボードはガラスエポキシ(FR-4)の両面基板です。

表面には充電制御IC・昇圧用インダクタ・LDO、裏面にはUSB Type-Cコネクターと充電状態表示の2個のLEDが実装されています。

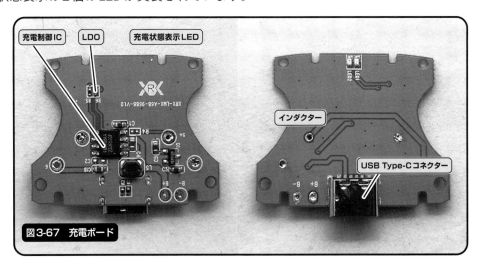

図3-67 充電ボード

回路構成(充電ケース)

基板パターンから、充電ケースの回路図を作成しました。

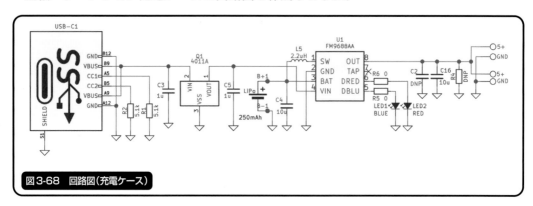

図3-68 回路図(充電ケース)

　USB Type-Cコネクタは6ピン、USB PDデバイス検出のための各CCラインのプルダウン抵抗も規格通り5.1kΩが実装されています。

　充電制御IC(U1)はUSB電源からLiPoバッテリーへの充電と、LiPoバッテリー電圧を昇圧しイヤホンへ充電を行ないます。

　USB VBUSライン直列に5V出力のLDO(Q1)が入っています。これはUSB PD充電器から誤って5Vより高い電圧が入力された場合に充電回路を保護するためだと思われます。

主要部品の仕様(充電ケース)

充電制御IC FM9688

図3-69 充電制御IC

　充電制御ICは富満微电子集团股份有限公司 (Shenzhen Fine Made Electronics Group Co., Ltd. http://www.superchip.cn/)製の「FM9688AA」です。

データシートは、LCSCより入手できます。

```
https://wmsc.lcsc.com/wmsc/upload/file/pdf/v2/lcsc/2203190030_
Shenzhen-Fuman-Elec-FM9688AA-F_C2835258.pdf
```

　LiPoバッテリーへのトリクル/定電流/定電圧の3段階での充電や、LiPoバッテリーへのダメージを保護するチャージソフトスタート機能もサポートしています。

LDO（三端子レギュレーター）型番不明

図3-70　三端子レギュレーター

　基板上のQ1に実装された「4011A」のマーキングの部品は、動作時の各部の電圧を確認した結果、5V出力のLDO（Low Dropout）3端子レギュレーターだと判断しました。

音声再生特性の実測

　TWSの音質評価のために、イヤーピースに差し込める小型コンデンサマイク（XCM-6035P）とオペアンプを使用して周波数特性を測定しました。以下は1kHzを0dBとした時の周波数特性の実測結果です。

　大きな山・谷はなく、全体的には素直な特性だと言えます。

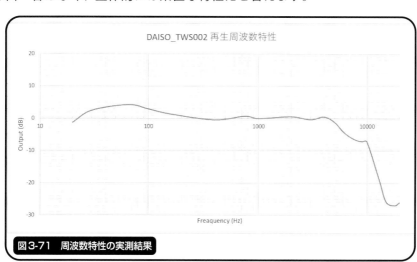

図3-71　周波数特性の実測結果

個人的には、音楽を聴くために使っていても疲れが少ない音質で気に入っています。

イヤホンのスピーカー前面の構造を見ると、音質にこだわってきちんと設計しているように感じられました。

イヤホンのLiPoバッテリーは保護回路を内蔵している分ダイソーの他のTWSと比べて容量が小さめですが、耳に直接触れる部分なので保護回路は安心できるポイントです。

充電ケースもUSB Type-Cからの入力に誤って高い電圧が繋がれてもすぐには危険にならない構成になっています（市場にはハンドシェイクなしでUSB Type-Cに12Vを出力するようなACアダプタも実際に存在する）。

他のTWSと比べても音質もよく安全面の配慮もきちんとしています。低価格製品でもメーカーのこだわりが感じられる良い製品であると感じました。

第4章
バッテリーチャージャー・チェッカー

100円ショップには、バッテリーの充電や電池の残量を計るチェッカーもあります。
安くても正確な数字を出してほしいものですが、中の部品はどうなっているでしょうか。

分解するガジェット

車載ワイヤレスチャージャー
バッテリーチェッカー
デジタルバッテリーチェッカー
PD急速充電ACアダプター
デジタル計量スプーン

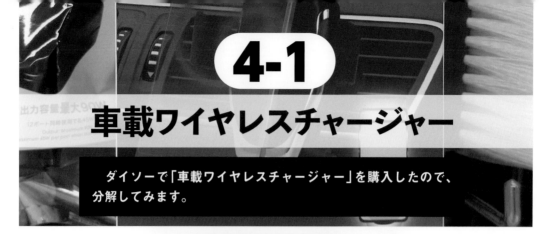

4-1 車載ワイヤレスチャージャー

ダイソーで「車載ワイヤレスチャージャー」を購入したので、分解してみます。

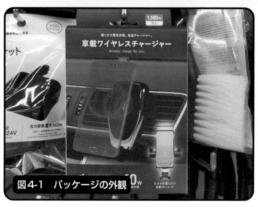

図4-1　パッケージの外観

パッケージと製品の外観

「車載ワイヤレスチャージャー」はワイヤレス充電規格である「Qi」の10W急速充電に対応、価格は1000円（税別）です。

パッケージの内容は本体、固定用アクセサリーパーツ、取扱説明、USBケーブルです。

スマートフォンホルダーと一体型になっていて、スマートフォンを置くと自分の重さで左右からホールドさせる機構になっています。

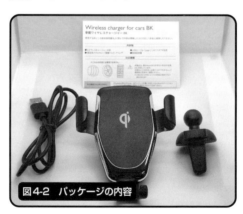

図4-2　パッケージの内容

本体の電源入力コネクタはType-C、付属のUSBケーブルはType-C〜USB-Aタイプで、USBの通信ライン（D+/D-）が接続された「充電・通信対応」です。

114

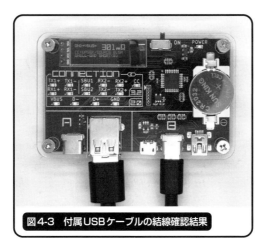

図4-3　付属USBケーブルの結線確認結果

パッケージ表示・取扱説明書は日本のみです。

入力仕様は5V3A/9V2A/12V1.5A、対応する充電器のUSB充電規格についての記載はありません。問い合わせ先はダイソー商品ではおなじみの「MAKER（株）」です。

図4-4　商品仕様と問い合わせ先（取説より抜粋）

本体の開封

本体裏面のビスを外し、周辺のツメを外して開封します。

開封すると、ギヤの組み合わせで構成されているホルダーがあります。

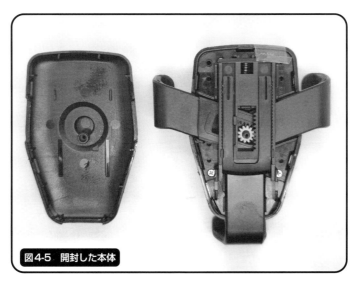

図4-5　開封した本体

115

ホルダー部の下のビス固定されたケースを外すとメインボードがあります。送電用のコイルの中央に差し込む形でサーミスタがリードで取り付けられていて、スマートフォンと接する充電面の温度を監視しています。

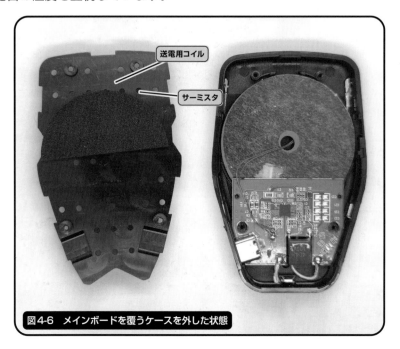

図4-6 メインボードを覆うケースを外した状態

メインボード

メインボードはガラスエポキシ(FR-4)の両面基板です。

フィルムコンデンサと送電用コイルを除く部品はすべて基板の片側に実装されています。写真では見えませんが、送電用コイルの下には基板の型番(A106-A1379-Q12_V1.2)と製造年月日(22.09.08)がシルクで印刷されています。

送電用コイルはメインボードに直接半田付けされていて、両面テープで基板と固定されています。コイルと直列に共振用のフィルムコンデンサが半田付けされています。

中央にあるのは送電用コイルのドライバを内蔵したコントローラICです。
取説には記載がありませんが、基板上には状態表示用のLEDが実装されていて、電源を入力すると赤に、Qi充電中は緑に光ります。ちなみに、充電面に鍵束を置いてみたのですが、LEDは赤のままで、異物検出も正常に動作していました。

[4-1]車載ワイヤレスチャージャー

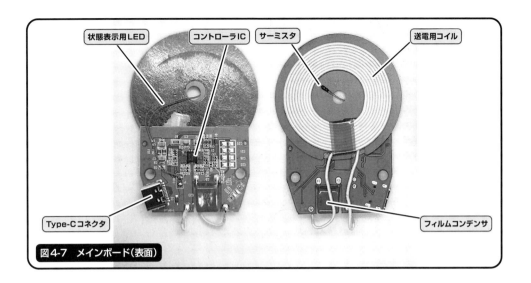

図4-7 メインボード(表面)

回路構成

基板パターンから回路図を作成しました。

コントローラIC（U1）は変則的なピン配置になっていて、電源入力（1～3番ピン）とワイヤレス送電出力（13～16番ピン）はピン間距離が広くなっています。

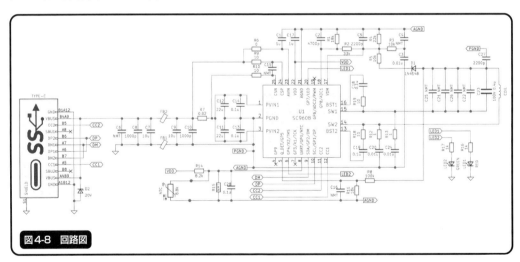

図4-8 回路図

送電電力の監視は、Type-CコネクタのVBUSから供給される電流を電流検出抵抗（R7）で検出して行なっています。

入力側の急速充電対応は「Quick Charge（QC）3.0」対応のためのDP/DMと、「USB Power Delivery（PD）3.0」対応のためのCC1/CC2の両方がType-Cコネクタに接続されています。

ワイヤレス充電規格のQiでは受電側の負荷を変動させることで受電側から送電側へ定期的にパケットを送ります。

117

送電側はこのパケットによって充電面上にあるものがQi対応機器なのかそれ以外の異物なのかを判断します。本製品の回路ではコイル側の負荷変動による電圧変動をピークホールド回路（D1/R4/R5/C5）で検出してVDM（17番ピン）に入力してコントローラICでパケットをデコードします。

プリント基板のパターンは、大電流が流れるPGNDとアナログ回路用のAGNDが基板上できちんと分離されており、コントローラIC周辺の部品配置もパターンが最短になるように配慮されていて、きちんとした良い設計だと感じました。

主要部品の仕様

次に、主要部品について調べていきます。

無線送電コントローラIC（U1） SC9608

図4-9 無線送電コントローラIC

無線送電コントローラICは上海南芯半导体科技股份有限公司（Southchip Semiconductor Technology Co., Ltd. http://www.southchip.com/ ）の15W Wireless Power Transmitter SOC「SC9608」です。

データシートは、部品通販サイトのLCSCから入手できます。
http://club.szlcsc.com/article/downFile_7A8C8AD4206741CD.html

32bitマイクロコントローラ・パワーMOSFET・Qi通信のデコーダ・USB QC及びPDシンク機能といったワイヤレス充電器に必要な機能を一通り備えています。

パッケージはQFN25ピンの特殊仕様で、大電流が流れるピンは電極が大きくなっています。

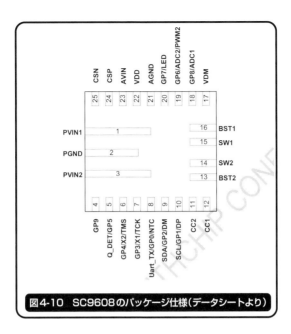

図4-10 SC9608のパッケージ仕様（データシートより）

入力側のUSB急速充電規格対応の確認

さらに、実機を使って入力側のUSB急速充電規格への対応の確認をしてみました。

USB充電器はQC3.0とPD3.0に対応した「超速充電器 PD + Quick Charge」（2023年1月号で分解）を、VBUS及びD+/D-の電圧の確認には「WITRN U3 USBテスター」（https://www.shigezone.com/product/witrn_u3/）を使用しました。

QC3.0動作の確認

次の写真は、付属のType-C〜USB-Aケーブルを使用して充電器のUSB-Aポート（QC3.0）に接続して確認した結果です。

図4-11 QC3.0対応ポートへ接続した結果

VBUS電圧は約9V、D+/D-端子はそれぞれ約0.6V/約3.3VでQC3.0の連続モード（シンクからの要求で電圧が可変できるモード）で動作しています。

| デバイス要求 || 充電器の出力電圧 ||
D+	D-	Class A	Class B
0.6V	0.6V	12V	12V
3.3V	0.6V	9V	9V
0.6V	3.3V	連続モード※	連続モード※
3.3V	3.3V	前回の電圧を維持	20V
0.6V	0V(GND)	5V	5V

※ QC3.0で追加

図4-12　QC3.0のD+/D-とVBUS電圧設定

USB PD3.0動作の確認

次の写真は、Type-C～Type-Cケーブルを使用して充電器のType-Cポート（USB PD3.0）に接続して確認した結果です。

図4-13　USB PD3.0対応ポートへ接続した結果

VBUS電圧は約9V、D+/D-端子はどちらも0.3V未満ですので、QC3.0ではなくUSB PD3.0で動作しています。

出力特性の確認

出力電流-電圧特性

マイクロUSBタイプの単体のQi充電レシーバーを使用し、出力コネクタのVBUSラインに電子負荷を接続して出力電流-電圧特性を測定しました。

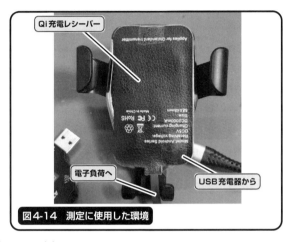

図4-14　測定に使用した環境

実際に測定した結果は、以下のようになりました。

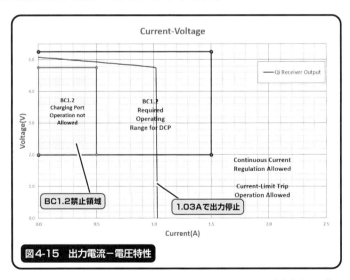

図4-15　出力電流－電圧特性

出力電圧はUSB BC1.2の禁止領域（500mAまでは4.75V以上）を満たしているので、USB PDやQCを必要としない"一般的なUSB機器"の充電であれば問題ありません。

1.03Aで出力が停止しているのはQi充電レシーバーの制約で過電流保護が動作したものです。実際に手持ちのiPhoneを充電してみましたが問題なく充電できました。

Qi充電効率

以下はQi充電電力効率（Qi出力/USB入力）の実測値です。
350mA～1Aの効率は約70％とかなり良い結果となっています。

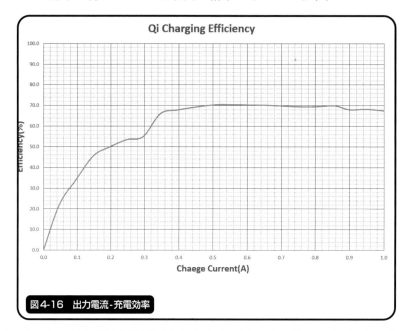

図4-16　出力電流-充電効率

　ちなみに、USB入力電流は無負荷（上に何も載せない状態）で約9V/30ｍA、単体のQi充電レシーバーを無負荷状態で接触させるとQi送信回路が動作（LEDが緑になる）して約9V/90mAに増加しました。
　消費電力を気にするのであれば充電が完了したらスマートフォンを外しておくことをお勧めします。

＊

　ダイソーのQi 10W急速充電対応ワイヤレス充電器は2020年11月にも分解をしたことがあります。
　その時はコントローラIC＋送電コイル用ドライバ2個の3チップ構成でしたが、本製品ではドライバを内蔵した専用のコントローラIC 1個に機能が集積されていました。

　充電効率（500mA出力時）も前回は約45％でしたが、本製品では約70％と大きく向上しています。
　同じような機能の製品でも分解・評価してみることで技術的に進歩していることが自分の目で確認できるのは、分解の大きな魅力のひとつですね。

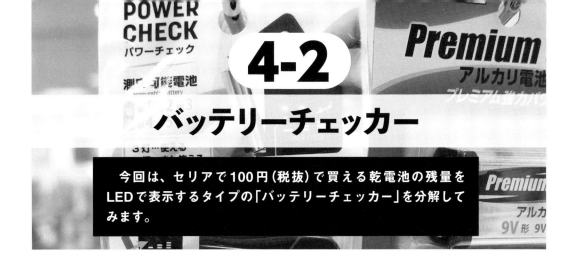

4-2 バッテリーチェッカー

今回は、セリアで100円（税抜）で買える乾電池の残量をLEDで表示するタイプの「バッテリーチェッカー」を分解してみます。

パッケージと本体の外観

セリアのバッテリーチェッカーは「POWER CHECK」という商品名で販売されています。目安残量表示はLEDによる3段階です。アームで電池の両端を挟んでチェックするタイプで、単1〜単5の1.5V系の乾電池に対応しています。

測定対象の乾電池とは別に電源用のボタン電池（CR2032）が必要で、本体にはテスト用のボタン電池が付属しています。

図4-17　店頭展示の様子

パッケージ

パッケージ内にあるのは本体のみ。

パッケージ裏面には使用方法と電池の交換方法が記載されています。

図4-18　パッケージ裏面の表示

輸入元は100円ショップのガジェットではおなじみの大阪の「(株)グリーンオーナメント(https://www.green-ornament.com/)」です。

図4-19　パッケージの輸入元表示

本体の外観

本体はプラスチック（ABS）製、正面に残量費用時用のLEDが3個並んでいます。

アームは使用していないときはバネで自動的に折りたたまれる構造で、非常にすっきりしたデザインとなっています。

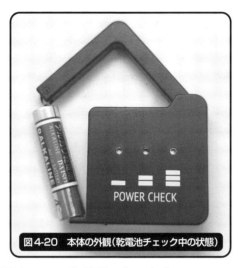

図4-20　本体の外観（乾電池チェック中の状態）

本体底面にはボタン電池ケースの取付部があります。

本体の厚さは12mm（実測）、以前100円ショップで販売されていたアナログ式のものと比べてかなり薄くなっています。

なお、筆者の購入した個体はアーム側が少し浮き上がっていましたが、使用上、問題はありませんでした。

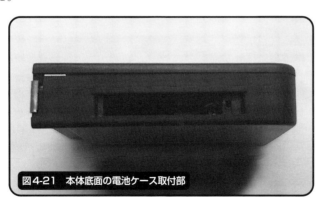

図4-21　本体底面の電池ケース取付部

本体の開封

本体の前面（LED側）と背面のケースの間に隙間があります。

ケースはかなり頑丈に固定されていますので、マイナスドライバなどを隙間に入れて強めにこじるようにして開封しました。

前面と背面のケースは4か所のボスをはめ込んで接着剤で固定されているので、折らずに開封するのは無理でした。

内部は3個のLEDが実装されたプリント基板がケースにビスで固定されています。

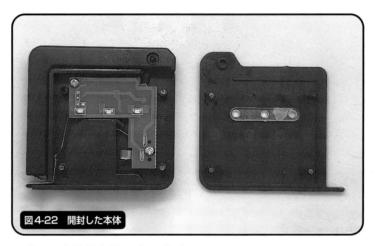

図4-22　開封した本体

ビスを外してプリント基板を取り出します。

リード線の黒は乾電池用のGND電極、赤はアーム内を通って＋電極へ接続されています。

赤のリードはアームの開閉での断線対策のために、熱収縮チューブでバネと固定されています。

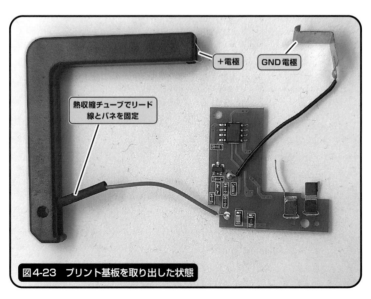

図4-23　プリント基板を取り出した状態

メイン基板

メイン基板はガラスエポキシ(FR-4)の両面基板です。
表面には電源用のボタン電池の電極として金属のプレートが2枚実装されています。

電極以外の部品はすべて面実装部品、半導体部品はコントローラICとトランジスタです。基板上には未実装のパターンが1か所あります。

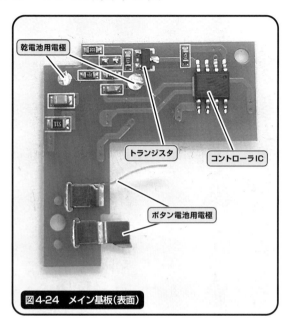

図4-24 メイン基板(表面)

裏面には残量表示用のLEDが3個実装されています。
裏面にも未実装のパターンが2か所あります。プリント基板の表面・裏面のどちらにもシルク印刷はありません。

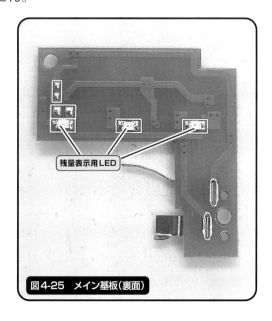

図4-25 メイン基板(裏面)

回路構成

基板パターンから、回路図を作成しました。（回路番号は筆者が割り当て）

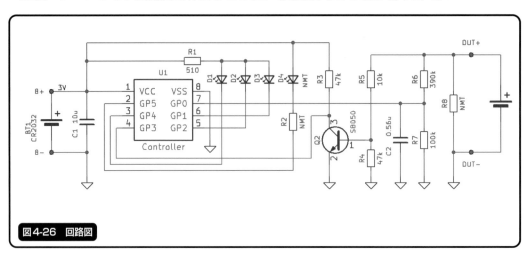

図4-26　回路図

コントローラICのピン配置は、中国製の安価な電子機器でよく見かけるPICマイコン互換IC（1番ピンがVCC、8番ピンがVSS）です。

各LEDはコントローラの個別のポートに接続されていて、予備のLEDが接続できるパターン（R2、D4）もあります。

測定用の乾電池（DUT）が接続されるとPNPトランジスタQ2がONになりU1の4番ピンがLになります。
7番ピンはADコンバータ入力でDUTの両端電圧が抵抗R6とR7で約1/5に分割されて入力されます。4番ピンの状態と7番ピンの電圧の組合せで各LEDのON/OFFを制御しています。
DUTの両端のR8のパターンは未実装です。

100円ショップで販売されていたアナログ式のバッテリーチェッカーでは、200〜300mA程度の電流を流した状態での電圧で判別していたので、抵抗負荷の場合、電力は0.3〜0.5W程度となります。この基板のパターンでは電力の大きい抵抗が実装できないため割り切って未実装にしたものと思われます。

なお、コントローラのADコントローラ入力を約1/5に分割しているのは、この回路構成で角形乾電池006P（9V）を接続する（ADコンバータ入力をVcc=3V以下にする）ことを配慮していると思われます。

主要部品の仕様

次に、本製品の主要部品について調べていきます。

コントローラIC 型番不明

図4-27　コントローラIC

コントローラICはマーキングが削られていて型番が不明です。回路構成での記載したように電源とGNDのピン配置がMicrochipの"PIC12Fシリーズ"と互換のICで筆者は「ジェネリックPIC」と呼んでいます。

電源以外に周辺部品は不要で、8ピンのうち6ピンがGPIO（GP0〜GP5）として使えます。

PNPトランジスタ S8050

図4-28　PNPトランジスタ

"J3Y"のマーキングの部品は汎用PNPトランジスタ「S8050」で、複数の会社より同じ型番のものが販売されています。

データシートは、JECT製のものが以下より入手できます。

```
https://datasheet.lcsc.com/lcsc/1810010611_Changjiang-Electronics-
Tech--CJ-S8050_C105433.pdf
```

実機での電池残量判別動作の確認

単1〜単5乾電池（1.5V系）での動作

　乾電池用電極の両端に外部から電圧を印加して実際にLEDの状態が変化する電圧を実測してみました。

　0.62Vを超えるとトランジスタQ2がONしてLED1が点灯、抵抗分割でADコンバータに入力される電圧に応じてLED2とLED3がON/OFFします。

　また、いったん境界となる電圧を下回ると電圧を上げてもLED2/LED3は再点灯しない仕様になっています。

電圧(V)	LED1	LED2	LED3	残量
1.50	○	○	○	100%
1.20	○	○	×	80%
0.96	○	×	×	64%
0.62	×	×	×	41%

図4-29　残量判別電圧（単1〜単5乾電池）

角形乾電池006P（9V系）での動作

　本製品の仕様には記載はないのですが、回路構成で説明したように、コントローラへのADコンバータ入力は約1/5に分割されているので、乾電池電極に9Vを印加して、徐々に電圧を下げていった時にもLEDの状態が変化するかを確認してみました。

　結果は、想定残量に応じた電圧でLED2/LED3のON/OFFしました。

　ADコンバータの入力電圧に応じて1.5V系/9V系を判別しているようです。

電圧(V)	LED1	LED2	LED3	残量
9.00	○	○	○	100%
7.28	○	○	×	81%
5.39	○	×	×	60%
0.62	×	×	×	7%

図4-30　残量判別電圧（角形乾電池006P）

　ちなみにボタン電池（3V系）でも確認したのですが、こちらはすべてのLEDが点灯したままで、対応していませんでした。

乾電池の負荷電流-電圧特性（参考）

本製品では、アナログ式のチェッカーと違って、電池残量判別の際には乾電池に電流を流さない状態となっています。そこで、新品とモーターで使用済（動きが鈍くなったもの）の単4乾電池で、負荷電流を変化させて両端電圧がどのように変化するかを実測してみました。

負荷電流0mAではどちらもすべてのLEDが点灯する電圧で本製品では差が分かりませんでした。250mA流すと使用済品は「交換」の表示になりますので、大電流が必要なモーターのおもちゃや懐中電灯で使う場合は本製品の表示は参考にしない方がよさそうです。

逆に大電流を必要としないリモコンやマウスで使えるかどうかの判断には本製品は役に立つと思います。

負荷電流(mA)	新品 両端電圧(V)	新品 内部抵抗(Ω)	使用済品 両端電圧(V)	使用済品 内部抵抗(Ω)
0	1.57	0.00	1.31	0.00
30	1.56	0.44	1.26	1.78
50	1.55	0.40	1.22	1.80
100	1.53	0.40	1.14	1.73
150	1.51	0.42	1.07	1.60
200	1.49	0.42	0.98	1.63
250	1.46	0.44	0.92	1.56
300	1.44	0.43	0.85	1.53
350	1.41	0.47	0.78	1.50

図4-31　単4乾電池の負荷電流-電圧特性（実測）

＊

残量判別の電圧測定で負荷電流用の抵抗がないのは残念ですが、逆に言えば、自分で負荷電流用の抵抗（3.9Ω程度）を追加するだけで一般的なバッテリーチェッカーと同じように使えます。

安物によく見られるアーム部分のぐらつきもなく、ガラスエポキシ（FR-4）基板とマイコンの採用、アームの可動部分の熱収縮チューブでの保護、かなりしっかりした設計の製品です。

動作確認用のボタン電池も付属しており、売価100円でこのレベルの製品が作れるというのは素直にすごいと思います。

4-3 デジタルバッテリーチェッカー

測定可能電池 単1〜単5形

キャンドゥの乾電池の残量をデジタルで表示するタイプの「バッテリーチェッカー」を分解してみます。

パッケージと本体の外観

　キャンドゥではアナログ式とデジタル式の2種類のバッテリーチェッカーが販売されています。デジタル式の商品は乾電池の残量をセグメント液晶の数字で表示し、バッテリーの状態をユーザーがその数字で判断するタイプとなっています。

　残量測定はアームで電池の両端を挟んで行ない、単1〜単5の1.5V系の乾電池に対応しています。動作用の電源は測定対象の電池からとるので、別電源は不要となっています。

図4-32　店頭展示の様子

パッケージ

パッケージ内にあるのは本体のみ。パッケージ裏面には測定方法と電池交換の目安（約0.8V）が記載されています。

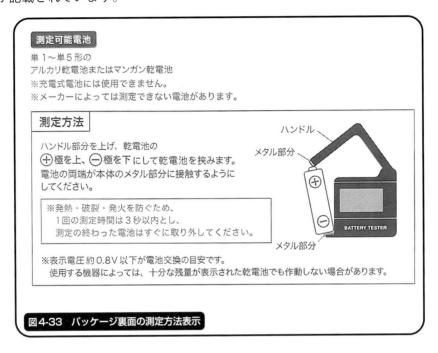

図4-33 パッケージ裏面の測定方法表示

輸入元は大阪の日用雑貨品の商社「(株)アクシス(http://axis-web.co.jp/)」です。

図4-34 パッケージの輸入元表示

本体の外観

本体はプラスチック(ABS)製、正面中央には液晶画面があります。

アームは、未使用時はバネで自動的に格納される構造で、筆者の購入した個体ではガタツキもなくしっかりできている印象です。

液晶画面にバックライトはありませんが、視認性は問題ありません。

図4-35　本体の外観(乾電池チェック中の状態)

本体の開封

本体の背面にある固定用のビス(1か所)を外して前面と背面のケースを開くと、内部にはプリント基板がケースにビスで固定されています。乾電池用の－電極の金具は基板に直接ハンダ付け、＋電極はアーム内を通ったリード線で接続されています。

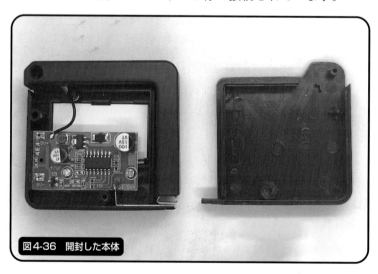

図4-36　開封した本体

ビスを外してプリント基板を取り出すと、基板の後ろ側に液晶パネルがあります。
液晶パネルとプリント基板の接続には異方性導電ゴムが使用されています。

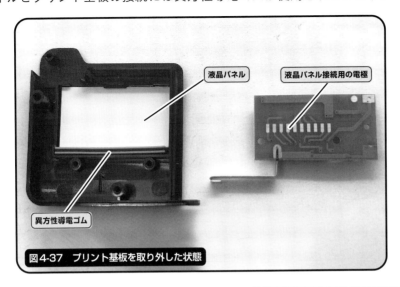

図4-37 プリント基板を取り外した状態

液晶パネル

　液晶パネルはセグメントタイプです。電極数（10極）よりセグメント数（7セグ×3桁）が多いので、中間電位を使った多値駆動タイプだと思われます。液晶パネルの下段には基板のパターンと同じピッチの透明電極があるのが見えます。

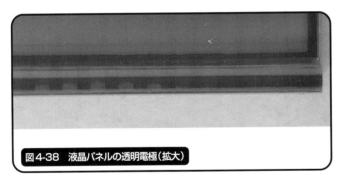

図4-38 液晶パネルの透明電極（拡大）

メイン基板

メイン基板はガラスエポキシ（FR-4）の両面基板です。

電極以外の部品はすべて片面に面実装されています。

半導体部品はコントローラIC・昇圧型DC-DCコンバータIC・3端子レギュレータ・ショットキーバリアダイオードで、昇圧型DC-DCコントローラの近くには昇圧用のインダクタもあります。100円ショップのガジェットでは珍しく抵抗アレイが2個使用されています。

また、基板上には未実装の9V入力用の回路があります。

シルク印刷は回路番号ではなく回路定数の表示になっています。

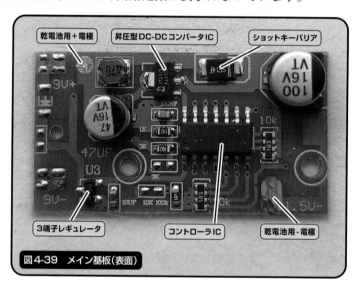

図4-39　メイン基板（表面）

基板裏面には液晶パネルとの接続用の10個の電極があります。

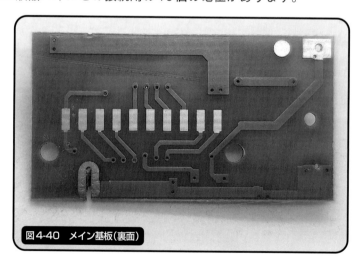

図4-40　メイン基板（裏面）

回路構成

基板パターンから、回路図を作成しました。(回路番号は筆者が割り当て)

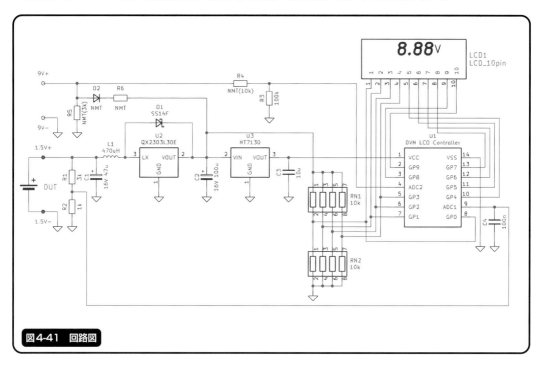

図4-41　回路図

測定用の乾電池(DUT)が接続されると昇圧回路(U2・L1・D1)で3.0Vまで昇圧され、3端子レギュレータ(U3)を経由してコントローラIC(U1)に電源(Vcc)が供給されます。

乾電池の電圧はR1とR2で分圧されてコントローラIC(U1)のADC1(9番ピン)に入力されます。

液晶パネルの1〜4番端子の入力とVcc及びGNDの間には抵抗アレイ(RN1・RN2)が入っています。

この抵抗によってU1の出力をハイインピーダンス(Hi-z)にした際に中間電位となるので、特別なI/O端子を使用しなくても液晶パネルをVcc・1/2Vcc・GNDの3値で駆動することができます。

バッテリーチェッカーとして見た場合、乾電池接続時の負荷電流は実測で4mAと少なく、本機では電圧が高めに出ています。

ちなみに、未実装の9V入力は抵抗分割でU1のADC2(4番ピン)に入力される構成になっていて、9V入力時にはダイオードと抵抗経由でU3のVINに接続されてU1の電源を供給する回路になっています。

ただし、基板のシルクで表示されている回路定数ではADC2の入力がVccを超えますので、とりあえず基板パターンは準備してある、ということだと思われます。

また、1.5V入力の場合はU3は入出力を短絡しても動作する（3.0V出力の3端子レギュレータに3.0Vを入力している）ので、9V入力用の回路をそのまま残してあるようです。

主要部品の仕様

次に、本製品の主要部品について調べていきます。

コントローラIC 型番不明

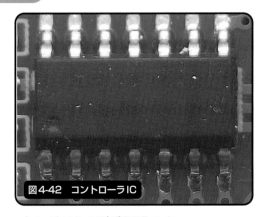

図4-42 コントローラIC

コントローラICはマーキングがなく型番不明です。
回路構成の説明にもあるように、汎用I/Oで3値駆動ができる回路になっているので、汎用マイコンだと思われます。

昇圧型DC-DCコントローラIC QX2303L30E

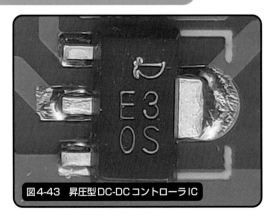

図4-43 昇圧型DC-DCコントローラIC

"E30S"のマーキングの部品は「泉芯电子技术(深圳)有限公司(Quanxin Electronic d Technology (Shenzhen) Co., Ltd. http://www.qxmd.com.cn/)」の昇圧型DC-DCコントローラIC「QX2303L30E」です。

データシートは、以下より入手できます。

```
https://datasheet.lcsc.com/lcsc/1809101716_QX-Micro-Devices-QX2303L30E_C236074.pdf
```

主な仕様は以下の通りです。
- 出力電圧: 3.0V
- 出力電流(max): 300mA
- 出力電圧精度: ±2.5%
- 起動電圧(min): 0.8V (1mA)
- スイッチング周波数: 300KHz
- 効率(max): 89%

3端子レギュレータ HT7130

図4-44 3端子レギュレータ

"HT30"のマーキングの部品は「深圳市华轩阳电子有限公司(Shenzhen Huaxuanyang Electronic Co.,Ltd. https://www.hxymos.com/)」の低ドロップアウト(LDO)の3端子レギュレータ「HT7130」です。

データシートは、以下より入手できます。

```
https://datasheet.lcsc.com/lcsc/2309121406_HXY-MOSFET-HT7130_C17702044.pdf
```

主な仕様は、以下の通り。
- 出力電圧: 3.0V
- 出力電流(max): 50mA
- 出力電圧精度: ±2%
- 入出力電圧差: 30mV (typ), 100mV (max)
- 最大入力電圧: 30V
- 静止電流(typ): 1.5uA

各部の実測波形

電源電圧の確認

昇圧回路U2の出力電圧は2.89Vと若干低めでした。

3端子レギュレータU3の出力電圧は2.66V、入力電圧が2.89Vと低いので仕方がないのですが、大きなふらつきなどは観測できませんでした。

液晶駆動波形の確認

以下は液晶駆動波形の実測結果の一部（ch1:LCD1の1ピン，ch2:LCD1の5ピン）です。

抵抗アレイが入っている1ピンは3値駆動、抵抗がない5ピンはH/Lの2値駆動になっていることが確認できました。

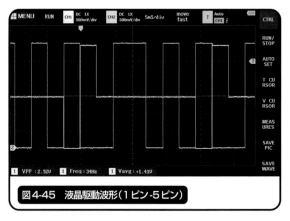

図4-45　液晶駆動波形（1ピン-5ピン）

＊

本製品も2023年11月号で分解したセリアのバッテリーチェッカーと同様に電池残量判別の際には乾電池に電流を流さない仕様となっていました。

乾電池の場合、消耗すると内部の等価抵抗が増加するので、ある程度の負荷電流（200〜300mA程度）を流した状態での電圧で判別するのが一般的です。

大電流が必要なモーターのおもちゃや懐中電灯用のバッテリー残量判定には本製品は向いていません。ただ、これも用途次第ですが、簡単に分解できるので内部に3.9Ω/1Wの抵抗を追加して負荷電流を増やすことで残量確認に対応できます。

昇圧回路を内蔵し、外部電源不要で使えるというのも実際の使い方をよく考えている製品だと思います。

そして何よりも、デジタル表示の電圧計が身近の店舗で300円で入手できるというのは、いろいろな電子工作で手軽に使えそうです。

4-4 PD急速充電ACアダプター

ダイソーで「車載ワイヤレスチャージャー」を購入したので、分解してみます。

ダイソーのUSB PDに対応した「急速充電ACアダプター」に新しいシリーズが登場しました。今回はその中の「USB-A + Type-C」の2口タイプのものを分解します。

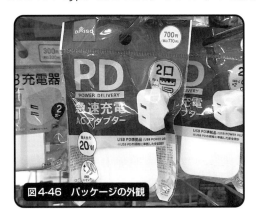

図4-46　パッケージの外観

パッケージの表示

「急速充電ACアダプター」は2種類が販売されており「Type-C + Type-C」が1000円（税別）、「USB-A + Type-C」が700円（税別）と価格差があります。

今回分解する「USB-A + Type-C」のパッケージ記載の仕様は、定格入力「AC100-240V 50-60Hz 0.5A」、定格出力はType-C (USB PD) が「5V/3.0A, 9V/2.22A,12V/1.67A（最大20W）」、USB-A (QC3.0) が「5V/3.0A, 9V/2.0A, 12V/1.5A（最大18W）」、2ポート同時使用時は「最大15W」となっています。

詳細は後述しますが、本製品は「USB PD 3.0」の出力電圧を任意に変更できる拡張機能「PPS (Programmable Power Supply)」に対応しています。
ただし、製品の仕様にはこれに関する記載はありません。

```
定格入力：AC 100-240V 50-60Hz 0.5A
定格出力：USB-C：DC 5V/3.0A, 9V/2.22A, 12V/1.67A(最大20W)
         USB-A：DC 5V/3.0A, 9V/2.0A, 12V/1.5A(最大18W)
         USB-C+USB-A：最大15W
```

図4-47　パッケージの仕様表示

141

製品の外観

パッケージは本体のみです。出力ポートのType-C側にのみ「PS 20W Max」の表示があります。

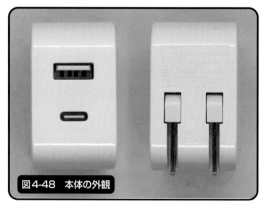

図4-48　本体の外観

「PSE」マークは本体に刻印表示、輸入元は音響機器をメインに取り扱っている「テラ・インターナショナル(株)」(https://www.teraworld.jp/)です。

図4-49　本体のPSEマークと定格表示

外装の開封

本体の内部は「ACプラグ」と「プリント基板」で構成されています。

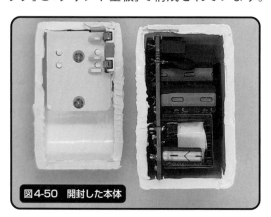

図4-50　開封した本体

[4-4] PD急速充電ACアダプター

　プリント基板は2枚構成、「メイン基板」に差し込む形で「コネクタ基板」が直接ハンダ付けされています。

図4-51　プリント基板の構成

　電源の1次側（AC入力側）と2次側（USB出力側）の間には絶縁距離を確保するための絶縁シートが入っています。

図4-52　プリント基板上の絶縁シート

メイン基板

　メイン基板はガラスエポキシ（FR-4）の両面基板、基板の型番「JHX-AC2070」と基板の製造日（2023/05/16）がシルクで印刷されています。

　写真はメイン基板表面の主要な実装部品を記載しています。
　このクラスの製品としては珍しく、突入電流制限用のサーミスタ（NTC）が入っています。電源トランスの2次側はピンではなく巻線を引き出して直接プリント基板にハンダ付けをしています。

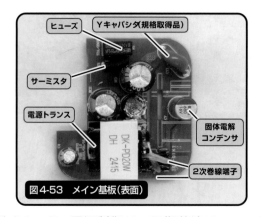

図4-53　メイン基板(表面)

　裏面にはブリッジダイオード、電源制御IC、同期整流IC、フォトカプラが実装されています。

　大電流が流れる部分は電流ルートを制御するためにパターンにカットを入れています。

　1次側～2次側の絶縁距離を確保するためのスリットもあり、電源の基本をおさえた設計となっています。

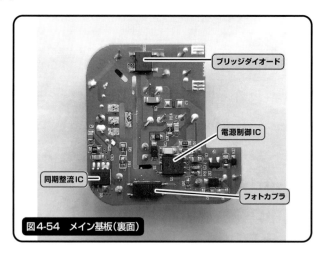

図4-54　メイン基板(裏面)

コネクタ基板

　コネクタ基板はガラスエポキシ(FR4)の両面基板です。基板の型番「JHX-AC2070-A」と基板の製造日(2023/05/16)がシルクで印刷されています。コネクタ基板にはUSB-AおよびTYPE-Cポートの各コネクタ、USB充電コントローラIC、USB-AポートのVBUS出力をON-OFFするためのP-MOS FETが実装されています。

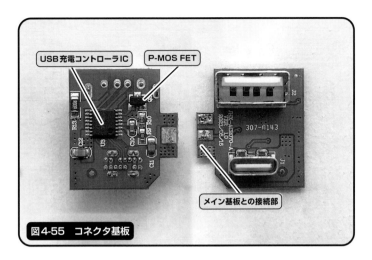

図4-55　コネクタ基板

回路構成

基板パターンから回路図を作成しました。

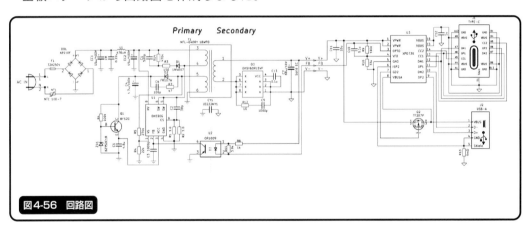

図4-56　回路図

　本製品で特筆するべきは電源制御IC（U1）で、スイッチング素子に高速・低ON抵抗のGaN（窒化ガリウム）が採用されています。

　コネクタ基板上のUSB充電コントローラIC（U3）はUSB-AおよびTYPE-Cポートに接続されたデバイスを判別し、規定の出力電圧になるようにOPTO端子からフォトカプラ（U2）を経由して電源制御ICのフィードバック端子を制御しています。

　2次側（USB出力側）の同期整流IC（D3）は巻線のGND側、平滑用に低ESRで長寿命の固体電解コンデンサを使用しています。
低価格のUSBチャージャーでは出力電圧を1次側の検出巻線でフィードバックしているものも多いのですが、本製品ではフォトカプラを使用することで出力電流変動に対する出力電圧が非常に安定しています。

主要部品の仕様

電源制御IC: DK020G

図4-57 電源制御IC

　電源制御ICは「东科半导体（安徽）股份有限公司（Dongke semiconductor（Anhui）Co., Ltd. https://dkpower.cn/）」製のスイッチング電源コントローラ「DK020G」。

データシートは以下より入手できます。

```
https://dkpower.cn/uploads/20231212/a3e93ff349021278f7fcd110829c10a2.pdf
```

　スイッチング素子に650V/1.2Ω GaN HEMTを採用、最大スイッチング周波数250KHz、ピーク効率92%、待機時消費電力は50mW未満という仕様です。

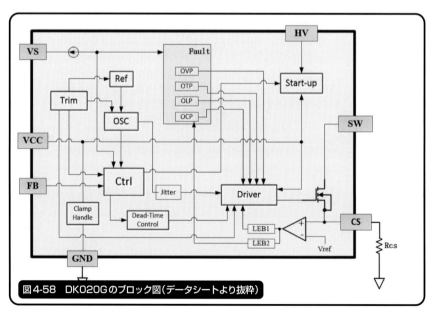

図4-58 DK020Gのブロック図（データシートより抜粋）

同期整流IC: DK5V60R15VP

図4-59　同期整流IC

同期整流ICは同じく「东科半导体（安徽）股份有限公司」製の「DK5V60R15VP」。

データシートは以下より入手できます。

https://www.dkpower.cn/uploads/20240401/a221199357d902ad21f13527b6cd87b7.pdf

60V/15mΩのパワーN-MOS FETとコントローラが1チップになっており、A-K端子間電圧を検出しON-OFF制御をして整流動作を行ないます。

USB充電コントローラIC: XPD730

図4-60　USB充電コントローラ

USB充電コントローラICは「深圳市富满电子集团股份有限公司（SHENZHEN FINEMADE ELECTRONICS GROUPCO.,LTD. http://www.superchip.cn）のUSB Type-C PD および Type-A デュアルポート コントローラ「XPD730」。

データシートは、以下より入手できます。

http://www.icmkw.com/tw/article/XPD730-309017.html

対応する主なプロトコルは「USB PD3.0 PPS, QC3.0, USB BC1.2, Apple 2.4A」、各種保護回路とTYPE-C VBUSチャンネル用のパワースイッチ（10mΩ）を内蔵しています。

USB-AとTYPE-Cにデバイスが同時接続された場合には、出力電圧は5Vに戻ります。

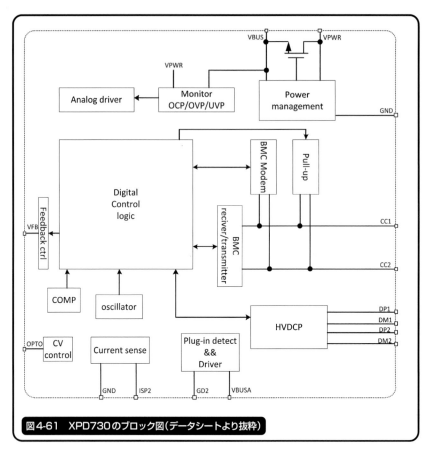

図4-61　XPD730のブロック図（データシートより抜粋）

USB充電プロトコルの確認

本製品が実際に対応しているUSB充電プロトコルを確認しました。チェックには CHARGER LAB (https://www.chargerlab.com/) の「POWER-Z KM003C」を使用します。

TYPE-Cポートの確認

以下はTYPE-C側がサポートしている急速充電規格の確認結果です。
PD3.0 PPS以外にも複数の急速充電規格に対応しています。

図4-62　TYPE-Cポートがサポートしている急速充電規格

USB PD PDO (Power Data Objects) は製品仕様に記載がある「5.0V/3A, 9.0V/2.22A, 12.0V/1.67A」に加えて、「PPS 3.30-5.90V/3.00A」「PPS 3.30-11.00V/1.80A」がサポートされています。

図4-63　USB PD PDOの確認

USB-Aポートの確認

以下は、USB-A側がサポートしている急速充電規格の確認結果です。
こちらもQC3.0以外にも複数の急速充電規格に対応しています。

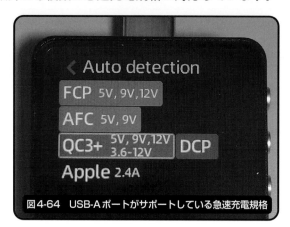

図4-64　USB-Aポートがサポートしている急速充電規格

出力電流-電圧特性の確認

電子負荷を使用しUSB PD PDOの各電圧で出力特性を測定しました。
いずれも定格電流内での出力電圧は十分安定しており、過電流保護特性も良好でした。
以下は12Vの実測結果です。

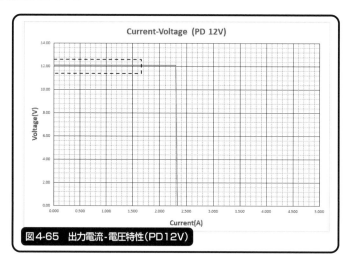

図4-65　出力電流-電圧特性(PD12V)

＊

外観は前に分解した製品とほぼ同じですが、分解した結果、中身はまったく別物となっていました。特にGaN HEMTの採用は良い意味で予想外でした。
回路設計・プリント基板もきちんとしており、出力電流特性・過電流保護動作も良好です。サイズは大きめですが、発熱も少なく出力電圧が可変できる電源がこの価格で手に入るというのは非常に魅力的です。

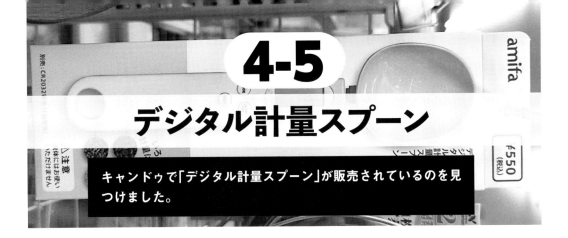

4-5 デジタル計量スプーン

キャンドゥで「デジタル計量スプーン」が販売されているのを見つけました。

パッケージと製品の外観

「デジタル計量スプーン」はキッチン用品コーナーで木製のスプーンと並んでいました。本体価格は500円（税別）です。

図4-66　パッケージの外観

パッケージの同梱物は本体と取扱説明書（日本語）です。

製品の輸入販売元は東京にある生活雑貨の企画販売を行なう「（株）アミファ（https://www.amifa.co.jp/）で、製品自体は「made in China」です。

パッケージの表示

輸入販売元：株式会社アミファ
〒107-0061　東京都港区北青山2-13-5　青山サンクレストビル3F
TEL:03-5785-2940
電話受付時間 10:00-12:00、13:00-16:00（祝祭日、土・日は除く）

図4-67　輸入販売元（取扱説明書より）

取扱説明書に記載の製品仕様によると、計量範囲は0.5g～500g、目盛表示は0.1g、精度は±2%です。使用電池はCR2032 x 1個（別売り）です。

第4章　バッテリーチャージャー・チェッカー

```
仕様

測定範囲と精度
●最大計量 ： 0.5g 〜 500g / 0.02oz 〜 17.64oz
●目盛    ： 0.1g / 0.01oz
●最小表示 ： 0.5g / 0.02oz
●精度    ： ±2%（例：50g の場合は ±1g）
●機能    ： 単位切り替え、HOLD 機能
●使用電池 ： リチウム電池
           CR2032×1個（別売）
●作用温度 ： 0℃ 〜 40℃
●オートパワーオフ：約1分
●サイズ   ： 約 230 × 57 × 23mm
●材質    ： ABS 樹脂
```

図4-68　製品仕様（取扱説明書より）

本体の外観

本体は長さ方向が230mmとかなり大き目のサイズです。

　測定対象を載せるスプーン部分はABS樹脂製、本体から出ている金属部分に嵌め込まれていて取り外して洗うことができます。

　本体の持ち手部分にはキッチンフックなどにひっかけて保管するための穴が開いています。

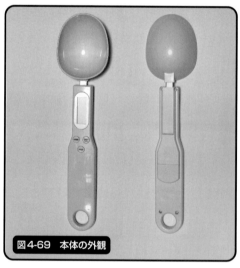

図4-69　本体の外観

　本製品で手持ちの硬貨の重量を実測した結果は、1円硬貨（基準重量1.0g）が実測0.9g、新500円硬貨（基準重量7.1g）が実測6.9gでした。

　分銅ではないので精密な重量ではないのですが、それなりに精度は出ています。

【4-5】デジタル計量スプーン

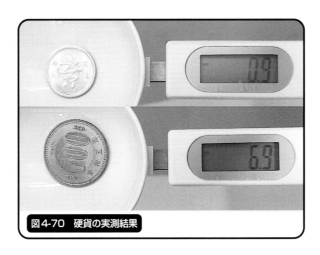

図4-70 硬貨の実測結果

本体の開封

外装ケースは本体裏面の4か所と、電池ケース内の1か所のビスを外すと開封できます。キッチンで使用されるケースが多いと思うのですが、接着剤などを使用して防水されていないので、本体を濡らしたりしないように注意が必要です。

内部にあるのはメインボードと本体外装にビスで固定された重量測定用のロードセルです。

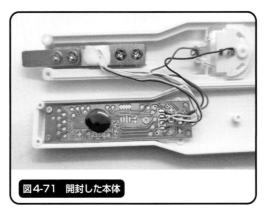

図4-71 開封した本体

メインボードを取り外すと、裏面には異方性導電ゴム（垂直方向に通電し、水平方向は絶縁される部品）で接続されたLCDパネルと3個のプッシュスイッチがあります。

プッシュスイッチは基板パターンを金属のキャップで覆う構成です。

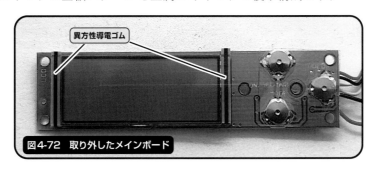

図4-72 取り外したメインボード

ロードセル

重量測定用のセンサーはひずみゲージ式ロードセルです。

アルミ合金製の「起歪体」にひずみゲージ（長さが変わると抵抗値が変化する金属箔）を貼り付け、その抵抗値の変化を検出することで重量（かかっている力）を測定します。

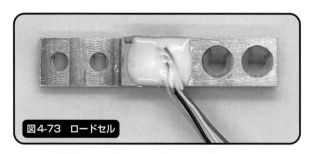

図4-73 ロードセル

ひずみゲージを貼り付けた場所にひずみを一番大きく発生させるために、「起歪体」の側面には穴が開けられています。

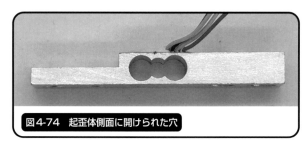

図4-74 起歪体側面に開けられた穴

本製品ではロードセルの片側を外装ケースに固定し、反対側に金属板経由で測定部（スプーン部分）を取り付けることで、重量に応じたひずみを発生させる構造になっています。

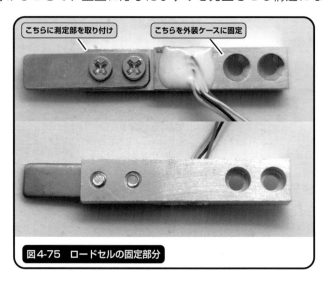

図4-75 ロードセルの固定部分

LCDパネル

LCDパネルはセグメント表示（表示パターンが固定されたタイプ）です。

左右の導電ゴム部分をよく見ると、透明な電極が見えます。

次の写真は電源ONのタイミングで見えるLCDパネルのセグメントです。重量表示用の5桁の数字と、各種モード表示があることがわかります。

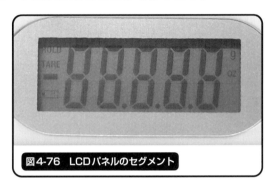

図4-76　LCDパネルのセグメント

メインボード

メインボードはガラスエポキシ（FR-4）の両面基板です。

コントローラはシリコンチップを直接プリント基板上に実装し、ボンディングワイヤーでプリント基板パターンと接続するCOB（Chip on Board）タイプで、エポキシ樹脂でモールドされています。コントローラの周辺部品はチップコンデンサのみ、コントローラの右には「U2」と書かれた未実装パターンがあります。

裏面にあるのはLCD接続用の電極パターンとプッシュスイッチ用のパターンです。
プリント基板には型番「JYD-EKS23U10」と製造日（230517）がシルクで表示されています。

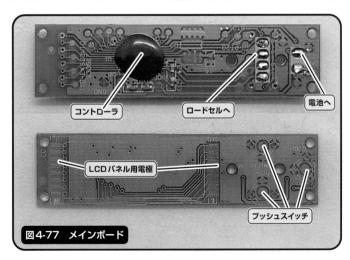

図4-77　メインボード

回路構成

プリント基板のパターンとコントローラのパッド構成から、回路図を作成しました。

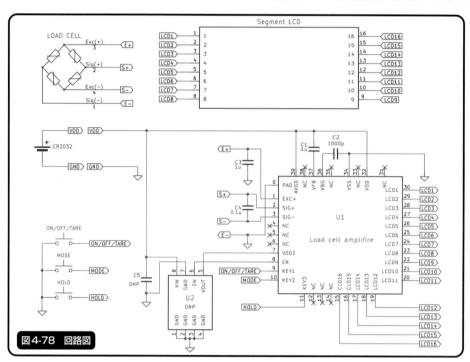

図4-78　回路図

　ボタン電池（CR2032）からの電源（3.0V）はコントローラのVDDピンに入力され、内部で生成した電圧（VBG）を基準にロードセルに印加する電源電圧（EXC+）を生成します。ロードセルにかかった重量に応じてSIG+～SIG-間の電圧が変化するので、それを内蔵のアンプで増幅し検出することで重量を測定し、LCDパネルに表示します。

　未実装のU2は結線から電源ICだと思われますが、該当するピン配置のものは検索しましたが見つかりませんでした。

コントローラチップの確認

コントローラ周辺の結線確認のために、コントローラチップを覆う樹脂モールドを削ってみました。

まずは、ボンディングワイヤーが見えるまで削ったのが次の写真です。内側がコントローラのシリコンパッドへの、外側がプリント基板のパターンへの接続です。外側はモールドから外へ出ているパターンとほぼ一致しているのが確認できました。

図4-79 樹脂モールド内のボンディングワイヤーの位置

次に、コントローラチップが露出するまで削り、顕微鏡で拡大してみました。
パッドに接続されるプリント基板の回路とほぼ一致するように、コントローラチップ上の各機能ブロックが分かれているのが分かりました。

図4-80 顕微鏡で拡大したコントローラチップ

ロードセルとコイン電池以外にはほぼ周辺回路を必要とせず、LCDコントローラ機能も内蔵した専用チップによって低価格で販売できる製品となっています。

最近のローエンドのガジェットではこのような「特定の製品ジャンル向けで必要機能をすべてまとめた専用チップ」を見かけることが、以前より増えてきた印象です。

無理に必要な機能を削るのではなく、このような専用チップの登場により、いろいろな製品がコストダウンしていく流れは、まだまだ続きそうで楽しみです。

索引

<数字>

3.5mm オーディオジャック……………87
3 端子レギュレータ……………………43

<アルファベット順>

<A>
AAC……………………………………86
AB136D…………………………………14
ABS 樹脂………………………………152
AD6983D………………………………102
AUX……………………………………41

<B>
BLM3400…………………………………25
Bluetooth Scanner……………………92
Bluetooth Scanner, Finder…………101

<C>
CC………………………………………30
Chip On Board…………………………51
COB……………………………………51
COB LED………………………………58
Configuration Channel……………30,41
CTIA 規格………………………………9

<D>
DAC………………………………………8
DAC IC…………………………………16
DC/DC コンバータ……………………44
DDC……………………………………41
Digital to Analog Converter…………8
DNP……………………………………107
Do Not Populate……………………107
Dual P-Channel MOSFET……………44

<E>
eMarker…………………………………28
EPR……………………………………33

<F>
Full Speed………………………………15

<G>
GaN……………………………………145

<H>
HUB……………………………………36
HUSB332D_U31DH…………………31,41

<I>
ISC-V……………………………………14

<L>
LCD パネル……………………………155
LDO……………………………………111

<M>
Micro-B…………………………………87
MT7896…………………………………54

<O>
OMTP 規格………………………………9

<P>
PD 急速充電 AC アダプター…………141
PIC12F シリーズ……………………129
PIR センサー…………………………22
PMU……………………………………90
PNP トランジスタ……………………129
Power Management Unit………………90
POWER-ZKT001…………………………33
PPS……………………………………141
Programmable Power Supply…………141
PSE…………………………………49,142
PX3……………………………………58

<Q>
QC……………………………………117
Qi……………………………………122
Quick Charge…………………………117

<R>
RDA223…………………………………22

<S>
Strategic Member……………………92

158

索 引

＜U＞

U3	33
uperSpeed	10
USB CABLE CHECKER 2	27
USB PD	33
USB PD パワールール	34
USB Power Delivery 3.0	117
USB Type-C	12
USB2.0	15
USB3.0	26
USBView	15
USB 充電コントローラ IC	147
USB 充電プロトコル	149

＜X＞

XC6206P332MR	24

＜五十音順＞

＜あ行＞

い	イヤホンジャック変換	8
え	液晶パネル	135
お	オーディオアンプ	83
	音声コーデック	86

＜か行＞

か	角型電池	130
	過放電保護 IC	69
	完全ワイヤレスイヤホン	93,103
	乾電池	130
き	技適マーク	95,104
け	ケーブル	7
こ	コード	7
	コネクタ基板	144

＜さ行＞

さ	三端子レギュレーター	111
し	ジェネリック PIC	129
	車載ワイヤレスチャージャー	114
	充電・転送ケーブル	26
	充電ケース	99
	充電式 COB ライト	56
	人感センサー	17,65

＜た行＞

た	タッチ操作	105
ち	窒化ガリウム	145
	チップコンデンサ	28
	調光器対応 LED 電球	48
つ	ツイストペア	29
て	抵抗アレイ	137
	低遅延	94
	デジタル計量スプーン	151
	デジタルバッテリーチェッカー	132
	電気用品安全法	49
	電灯	47
と	突入電流制限用抵抗	52
	トライアック	53

＜は行＞

は	ハイインピーダンス	137
	バックブースト電源	54
	バッテリーチェッカー	123
ひ	ヒートシンク	50
ふ	ファストリカバリダイオード	52
	フォトトランジスタ	71
	プッシュスイッチ	153
	プラスチック	125
	ブリッジ整流ダイオード	55
ほ	ホームカラオケマイク	76
	ボタン電池	123

＜ま行＞

ま	マイク	14
む	無線送電	118
め	明暗センサー	65
も	モーションセンサー	71

＜や行＞

ゆ	優先無線両用ヘッドセット	85

＜ら行＞

ら	ライト	47
ろ	ロードセル	154

《著者略歴》

ThousanDIY（山崎 雅夫 やまざき・まさお）

電子回路設計エンジニア。
現在は某半導体設計会社で、機能評価と製品解析を担当。
趣味は"100均巡り"と、Aliexpressでのガジェットあさり。

東京都出身、北海道札幌市在住。
2016年ごろから電子工作サイト「ThousanDIY」を運営中。
twitterアカウントは「@tomorrow56」

[主な活動]

Aliexpress USER GROUP JP（Facebook）管理人
M5Stack User Group Japan のメンバー
月刊I/Oで「100円ショップのガジェット分解」を連載中

[主な著書]

『100円ショップガジェット解体新書 「人感センサLED」「ワイヤレスマウス」…いろいろ分解してみた！』工学社、2023年
『「100円ショップ」のガジェットを分解してみる！Part3』工学社、2022年
『「100円ショップ」のガジェットを分解してみる！Part2』工学社、2021年
『「100円ショップ」のガジェットを分解してみる！』工学社、2020年

[著者ホームページ]

100円あったら電子工作「ThousanDIY」（Thousand+DIY）
https://thousandiy.wordpress.com/

本書の内容に関するご質問は、
①返信用の切手を同封した手紙
②往復はがき
③FAX（03）5269-6031
　（返信先のFAX番号を明記してください）
④E-mail　editors@kohgakusha.co.jp
のいずれかで、工学社編集部あてにお願いします。
なお、電話によるお問い合わせはご遠慮ください。

サポートページは下記にあります。

[工学社サイト]
http://www.kohgakusha.co.jp/

I/O BOOKS

100均の電化製品をバラしてみた
「USBケーブル」「LEDライト」「無線イヤホン」…中には意外な工夫と秘密が!?

2024年10月30日　第1版第1刷発行　©2024	著　者　ThousanDIY
2025年 1 月25日　第1版第2刷発行	発行人　星　正明
	発行所　株式会社工学社
	〒160-0011　東京都新宿区若葉1-6-2　あかつきビル201
	電話　（03）5269-2041（代）[営業]
	（03）5269-6041（代）[編集]
※定価はカバーに表示してあります。	振替口座　00150-6-22510

印刷：シナノ印刷(株)

ISBN978-4-7775-2284-2